国家重点研发计划(2019YFC0605502)
国家自然科学基金(42002170)
资助

深层优质白云岩储层形成与保存机理

Development and Preservation Mechanism of Deep High-quality Dolostone Reservoirs

李 杰 蔡忠贤 著

内容简介

本书服务于深层油气勘探的现实需求，针对深层优质白云岩储层如何形成、保存与改造这一核心问题，阐述了四川盆地深层优质白云岩储层特征、分布主控因素和形成演化历史，汇集了全球深层(4500m以下)白云岩储层类型、分布与储层成因研究成果，总结了世界范围内深层优质白云岩储层的成因类型，并结合世界范围内优质白云岩储层案例详细阐述了深层优质白云岩储层的浅部形成机理、深部保存与改造机理，重点讨论了埋藏环境封闭或开放体系下储层保存与改造机理，总结了深层优质白云岩储层发育的"深部保存高能相控成储""深部保存高能相-同生岩溶联控成储""深部改造表生岩溶控制成储"3种有效成储模式。

本书可为从事油气和矿产地质勘探的地质工作者提供理论参考，也可作为高等院校、科研单位地质相关专业的教学科研参考用书。

图书在版编目(CIP)数据

深层优质白云岩储层形成与保存机理/李杰，蔡忠贤著．—武汉：中国地质大学出版社，2022.5

ISBN 978-7-5625-5255-0

Ⅰ．①深…　Ⅱ．①李…　Ⅲ．①白云岩-储集层-油气藏形成-研究　Ⅳ．①P588.24 ②P618.130.2

中国版本图书馆CIP数据核字(2022)第076757号

深层优质白云岩储层形成与保存机理　　　　李　杰　蔡忠贤　**著**

责任编辑：周　旭　　　　责任校对：何澍语

出版发行：中国地质大学出版社(武汉市洪山区鲁磨路388号)　　　　邮政编码：430074

电　话：(027)67883511　　传　真：67883580　　E-mail：cbb@cug.edu.cn

经　销：全国新华书店　　　　http://cugp.cug.edu.cn

开本：787毫米×1092毫米 1/16　　　　字数：250千字　印张：9.75　插页：1

版次：2022年5月第1版　　　　印次：2022年5月第1次印刷

印刷：武汉中远印务有限公司

ISBN 978-7-5625-5255-0　　　　定价：58.00元

前　言

经典的油气成储理论认为，储层的演化遵循埋藏越深孔隙度越低的规律，根据孔隙度-深度经验公式 $\Phi=41.73\times e^{-z/2498}$，深度超过 4500m 和 6500m，碳酸盐岩孔隙度分别降至 6.9%和 3.8%。挪威石油地质学家 Nadeau 团队根据全球高产油田数据，提出"油气勘探黄金带"理论，认为世界上 90%以上的油气储存在 60～120℃的温度范围内，对应埋深范围 2000～4000m。孔隙度的降低似乎主要是由机械压实、压溶和胶结作用造成。然而，这种认识持续受到深层优质白云岩储层的挑战。全球多个大型盆地深层油气勘探接连取得重大突破，迄今全球范围内发现埋深大于 6000m 的深层油气田 122 个。例如，Anadarko 盆地 6588m 深处仍发育高产白云岩储层，Delaware 盆地 6477m 深处白云岩有效孔隙度仍高达 12%，墨西哥湾北部 Jay 气田埋深超过 5100m 的 Smackover 组白云岩仍保持 15%的平均孔隙度，巴哈马南部地区的 Great Isaac 1 井在 5390～5399m 处钻遇优质白云岩储层，孔隙度为 10%～18%。近年来，在四川盆地和塔里木盆地深层也发现了一大批优质碳酸盐岩储层。

勘探实践充分说明了深层和超深层白云岩具有规模成储的巨大潜力。据统计，全球古生界海相碳酸盐岩大型油气田白云岩储层可采储量为 379.6×10^8t，占古生界海相碳酸盐岩大油气田油气总可采储量的 76.5%，显示出重要的勘探价值。此外，我国深层海相碳酸盐岩也发现了顺北油田(奥陶系断控灰岩储层，探明地质储量为 17.00×10^8t)、普光气田(长兴组—飞仙关组礁滩相白云岩，探明地质储量为 $4\,121.73\times10^8 m^3$)、元坝气田(长兴组生物礁滩相白云岩，探明地质储量为 $2\,303.47\times10^8 m^3$)、安岳气田(震旦系—寒武系龙王庙组白云岩，探明地质储量为 $4\,403.83\times10^8 m^3$)和川西气田(雷口坡组微生物白云岩储层，探明地质储量为 $1140\times10^8 m^3$)，其中以白云岩为储层的占 4 个。塔里木盆地塔深 1 井中上寒武统阿瓦塔格组和下丘里塔格群(6884～8408m)发现具有潜力的白云岩储层，古城墟隆起的古隆 1、古城 6 和古城 8 等井下奥陶统白云岩层系也已获得规模天然气，塔中隆起中深 1 井在中下寒武统白云岩层系已获得工业性油气流。以上油气发现均表明深层白云岩具有良好的勘探前景。

目前，学术界对于深层白云岩储层发育机理的认识还存在较大分歧，用于指导深层优质储层分布预测的理论进展明显滞后于勘探实践。分歧主要集中在优质白云岩储层在深层是否发生了显著改造这一关键科学问题，即储层主要得益于早期孔隙的良好保存，还是在深部重新形成大量孔隙。部分学者认为某些深部形成的特殊地质流体能对高化学活性的碳酸盐岩产生显著溶蚀，溶蚀孔隙形成规模性优质储层；而反对者坚持认为在深部欠开放的成岩体系中，地质流体的流量和碳酸盐岩的快速溶解-沉淀平衡特性使大规模溶蚀作用很难发生，深成孔隙难以对深层优质白云岩储层作出显著贡献。

针对以上学术分歧，本书根据全球深层白云岩储层实例，按流体系统的封闭或开放性，分别阐述了不同来源和性质地质流体的成储机理，最后总结了白云岩深埋过程中，在不同地质流体作用耦合机制下，优质白云岩储层的普遍成储模式。全书一共分为五章：第一章简述了“深层”的定义，列举了国内外已发现的处于深层的大中型白云岩储层特征和分布；第二章根据储层形成主控因素，把深层优质白云岩储层分为沉积相控型和表生岩溶控制型优质白云岩储层，分别整理了全球10个深层优质白云岩储层案例的储层特征、成岩作用和孔隙演化历史；第三章和第四章结合深层优质白云岩储层案例分别讨论了优质白云岩储层浅部形成机理、深部保存与改造机理；第五章总结了深层白云岩从沉积到最大埋深过程中，不同地质因素耦合机制下深层优质白云岩储层的3种普适性成储模式。

国家重点研发计划(2019YFC0605502)和国家自然科学基金(42002170)资助了本书的出版。在成书过程中，李平平副教授和王广伟副教授在白云岩化作用和TSR相关章节提供了指导和帮助，鲁子野博士分享了关于深部流体流动样式的宝贵认识，陈浩如博士在课题组历次四川盆地野外考察和岩芯观察过程中提供了全方位的帮助，兰才俊博士、徐哲航博士和余新亚博士提供了四川盆地灯影组和雷口坡组白云岩储层的部分数据，课题组成员徐志伟、曾海涛参加了部分图件的清绘工作，在此一并感谢！

本书作者在从事塔里木盆地和四川盆地深层海相白云岩储层研究的过程中，意识到目前针对深层—超深层白云岩储层发育机理的系统性专著较少，故决定将目前的工作成果和体会整理成书，以期抛砖引玉。由于作者水平有限，书中错误和疏漏在所难免，敬请读者批评指正。

编著者

2022年2月22日

目 录

第一章　深层优质白云岩储层分布

从地表至5500m深度范围内碳酸盐岩(灰岩和白云岩)孔隙度数据表明,孔隙度随深度增加而持续降低至非储层水平,但目前深层优质白云岩储层的勘探成功,表明浅层孔隙度演化规律在深层已不再普遍适用。碳酸盐岩的高化学活性决定了其易受流体-岩石相互作用改造的特点,因此白云岩储层的形成和演化与其经历的流体性质和流体系统的封闭或开放性密切相关,这一点与碎屑岩储层不同。当白云岩埋藏达到一定深度时,高温高压条件下流体来源和物理化学性质相较于浅层会发生巨大变化,进而可能改变水-岩相互作用方式,导致深层优质白云岩储层具有区别于浅层白云岩的演化路径。对于深层优质白云岩储层的成因,尤其是埋藏至深层时储层保存与改造机理和孔隙的演化过程,目前学术界还未达成共识。本章旨在基于全球已发现的深层优质白云岩储层的储集空间特征和分布特征,对比浅层优质白云岩储层,总结出深层优质白云岩储层的普遍成因类型,并评价不同成因类型的成储潜力。

需提醒读者的是,由于不同国家和地区深层油气勘探进度的差异,截至2021年,全球仅在美国墨西哥湾沿岸、中国四川盆地、中东这3个勘探程度较高的地区发现了深层优质白云岩储层,其他国家和地区地下可能也发育了深层优质白云岩储层,其储层特征和成因类型完全可能并未包含在本章之中,期待同行专家及时更新。

第一节　“深层”的定义

对于地球岩石圈沉积岩层系,“深层”相较于“浅层”有温度高、流体系统开放性低、应力复杂等特点(吴富强和鲜学福,2006)。高温条件下,有机质演化程度高,烃类进一步裂解,油气藏类型以轻质挥发性油藏、凝析油气藏、气藏为主;与此同时,原油黏度、密度和表面张力下降,各种流体相界面消失。温度升高也会造成矿物的热转化,如黏土矿物的转化和石膏等含水矿物脱水,热转化过程中各种离子伴随水被释放到盆地流体系统中。“浅层”接近地球表层水圈,水-岩相互作用在开放流体系统中进行,流体流动网络发达且复杂,而“深层”流体系统较为封闭,流体流动主要以断裂、裂缝为通道。“浅层”以水平应力场为主,发育纵弯褶皱,而“深层”以垂直应力场为主,发育横弯褶皱。“深层”与“浅层”的区别表现在油气工业的各个方面,因此不同国家、工业组织和学科领域基于不同因素的考量,对“深层”的定义各不相同。美国地质调查局综合油气资源量和工程技术难度等因素考虑,将“深层”定义为

15 000ft(4572m)以下的地层(Dyman et al.,2002);俄罗斯地质学家基于温度对油气的生成、消失和相态转变的控制效应,将“深层”定义为埋深大于4000m或4500m的地层(史斗和郑军卫,2001)。由于我国东西部盆地地温梯度的巨大差异,石油工业界将东部盆地的“深层”定义为埋深大于3500m的地层,将西部盆地的“深层”定义为4500m以下的地层(周世新等,1999;何登发等,2019;何治亮等,2020)。我国西部盆地“深层”广泛分布海相碳酸盐岩层系,其中不乏油气潜力可观的白云岩地层。本书以深层白云岩优质储层发育机理为主要内容,以服务勘探实践为现实目标,将“深层”定义为埋深超过4500m的地层,依据为白云岩沉积、成岩环境及其所处流体系统特征,具体如下。

对于碳酸盐岩而言,孔隙度和渗透率首先由沉积条件控制,随着埋藏深度和时间的增加,来自成岩作用和构造作用的影响逐渐增强。在埋藏较浅和相对年轻的碳酸盐岩中,孔隙度和渗透率主要受沉积环境和古气候因素控制,如水深、水动力条件、沉积物类型与粒度、造礁生物和微生物类型、干旱或湿润气候等。大多数碳酸盐岩被埋藏在几百米或几千米的地下持续数百万年甚至数十亿年,成岩作用的影响日益增强,孔隙度与渗透率转而受沉积条件、成岩作用和构造作用的共同控制。因此,成岩作用的研究对碳酸盐岩,特别是“深层”和古老层系的油气勘探开发具有重要意义(Machel,2005)。

碳酸盐岩中常见的成岩作用类型包括胶结作用、溶蚀作用、机械与化学压实作用、重结晶作用、白云岩化与去白云化作用、热化学硫酸盐还原反应和破裂作用等。除机械压实和破裂作用之外,其他类型成岩作用均为流体与矿物之间的化学不平衡驱动的溶解、沉淀过程(Bathurst,1979;Bjørlykke,2010;Fantle et al.,2020)。由于碳酸盐岩中几乎所有矿物的溶解度都较低,胶结作用、溶解作用、白云岩化与去白云化作用都需要大量的流体供给与排泄,以完成溶解与沉淀过程中的物质迁移,因此成岩体系必须达到一定程度的开放性。而重结晶作用、化学压实和热化学硫酸盐还原反应可以在封闭的流体系统中进行,因此流体的化学性质与流体系统的开放或封闭性是碳酸盐岩成岩作用类型和成岩改造强度的重要控制因素。

不同成岩环境流体性质存在明显差异。以北美地区数据为例,地表河水普遍具有较低的离子浓度,海水的离子浓度稍高,而墨西哥湾沿岸地区侏罗系地层水相对于河水和海水,明显更富集各种离子(图1-1)。各成岩环境的开放性也具有直观的差异:淡水成岩环境的开放性最强,淡水流动样式为重力驱动下的径流(地表河流)、管流(地下暗河)和渗流(地下高渗透层);海水成岩环境的开放性次之,海水流动样式为风力、波浪、洋流和密度梯度驱动在表层沉积物中的渗流,在特定沉积相带具有高流量特征;埋藏成岩环境随深度增加,流体系统逐渐变得封闭。地下几百米深度范围内的浅埋藏环境下,地下水流动受驱动力和地层渗透性控制,流速通常为每年几米。在中埋藏环境,压实流体占主导地位,流速通常约1cm/a。在更深处,流体通常处于停滞状态,在温度-压力梯度驱动下以断裂裂缝、缝合线或高渗透性薄层为通道进行流动是其唯一有效的流体传输方式(Immenhauser,2021)。

事实上,流体是地下物质迁移和能量传递的主要媒介,是连接岩石学、地球化学特征与成岩演化历史的枢纽,因此一贯是成岩分析的焦点。基于流体性质与成岩体系的开放程度,

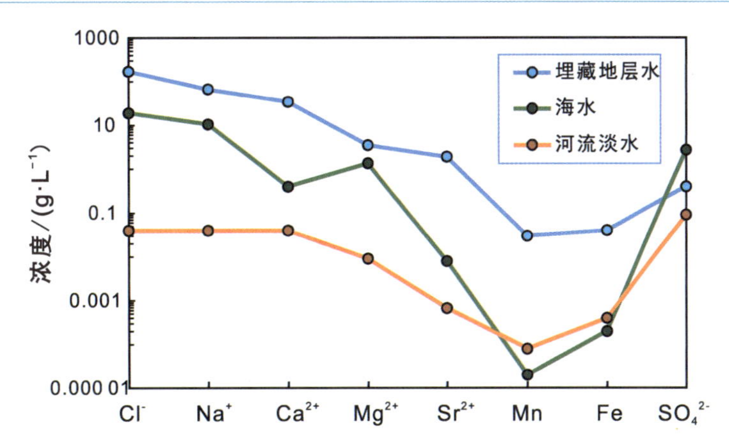

图 1-1 美国墨西哥湾沿岸地区侏罗系地层水与北美地表河水、海水平均化学成分

(数据来自 Moore and Druckman,1981)

碳酸盐岩成岩环境可分为海水成岩环境、淡水成岩环境、埋藏成岩环境三大领域。深层白云岩的成岩作用始于同沉积期,受到海水和淡水成岩环境中成岩作用的影响,并构成了随后埋藏成岩作用的重要基础,因此为了探究深层白云岩的演化过程,还必须考虑近地表海水和淡水成岩环境(Machel,2005)。

海水环境是碳酸盐岩沉积的场所,意味着海水相对于同沉积期大多数碳酸盐岩是过饱和的,因此海水成岩环境的成岩作用类型以胶结作用为主。但胶结物并非遍布整个海水成岩环境,而是主要分布于潮间带硬地和陆棚边缘迎风面这种高通量的环境,如现今的鲨鱼湾、波斯湾和巴哈马地区(Walls and Burrowes,1985;Christ et al.,2015)。同时,沉积之后的高海水通量环境和蒸发性环境也是白云岩化发生的主要场所(Purser et al.,1994)。溶解作用只能发生在陡峭的陆棚边缘,来自碳酸盐溶跃面之下的不饱和低温海水在密度梯度驱动下向台地流动时首先会造成碳酸盐溶解,随后在台地上部以方解石胶结物和白云石的形式沉淀(图 1-2;Saller,1984;Aharon et al.,1987)。

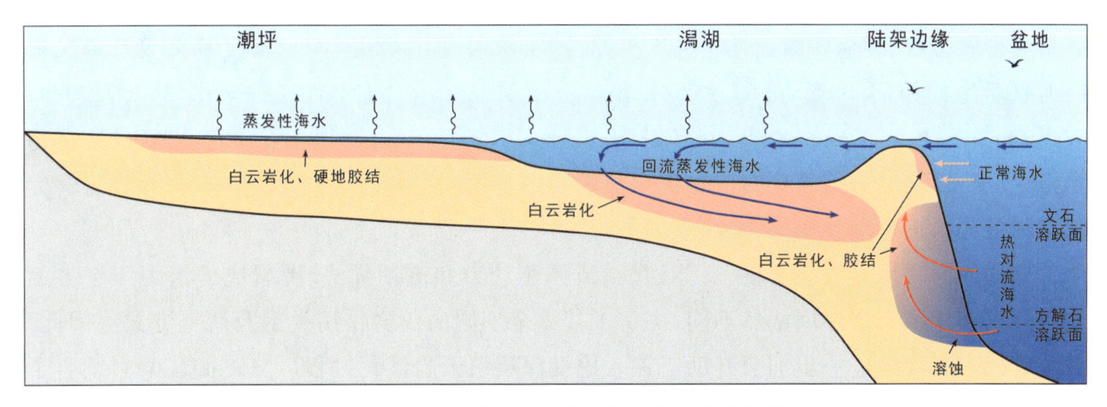

图 1-2 海水成岩环境流体、成岩作用类型与分布

淡水成岩环境一直是石油地质学家研究的重点，新近系—第四系海平面的变化造成很多年轻的碳酸盐岩岛屿露出水面，沉积物暴露在大气淡水影响之下形成了各种在地下储层中常见的孔隙类型和成岩组构，受"将今论古"思想的引导，淡水成岩环境成为至今研究最成熟的一种成岩环境（黄思静，2010）。根据流体性质和流体流动样式，淡水成岩环境可细分为淡水渗流带和淡水潜流带两个次级成岩环境，潜水面作为二者之间界限（图 1 - 3）。渗流带淡水以裂隙或孔隙为通道向下渗流，由于大气和土壤层中富含 CO_2，渗流带淡水对碳酸盐岩具有很强的溶蚀性；潜流带淡水在重力驱动下进行近水平方向的流动，以微孔隙或地下洞道为通道向低水头方向流动，在潮湿气候条件下具有极大的流体通量，淡水相关成岩作用可形成一系列具有环境指示意义的溶蚀孔隙和胶结物组构（Loucks，1999）。

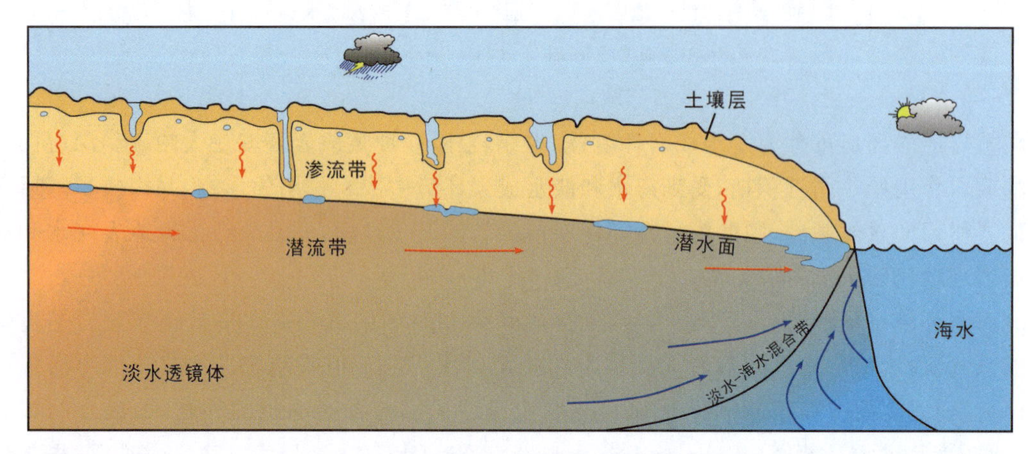

图 1 - 3　淡水成岩环境流体、成岩作用类型与分布

埋藏成岩环境是所有成岩环境中持续时间最长、最复杂，也是被了解程度最低的领域。埋藏成岩环境的温度和压力条件远高于近地表海水和淡水成岩环境；其流体性质包括溶质成分和含量、酸碱度、氧化还原电位、有机流体，与海水和淡水成岩环境也显著不同；流体主要是通过断裂带、裂缝高渗透性层在水头差、压实作用、构造挤压作用、温度梯度等盆地尺度巨型驱动力的作用下流动（图 1 - 4；Qing and Mountjoy，1994；Davies and Smith，2006；Wang et al.，2015；Dong et al.，2017；Hirani et al.，2018；Immenhauser，2021）；经早期矿物稳定化、压实压溶、重结晶和白云化作用与原油充注，岩石的孔隙度、渗透率和矿物成岩潜力大幅降低（Machel，2005）。

埋藏成岩环境的温压条件、流体性质、流体驱动力和流动样式、围岩成岩潜力 4 个方面均与海水和淡水成岩环境截然不同，决定了其完全不同的成岩作用类型及研究方式。因此，对埋藏成岩环境的进一步细分有助于深入挖掘深层白云岩演化过程。Machel(2005)整合了不同深度的矿物学、地球化学、水文学、烃类充注与否和裂缝产状等特征，在前人成岩阶段划分方案的基础上把埋藏成岩环境细分为浅埋藏环境、中埋藏环境、深埋藏环境三大领域。其

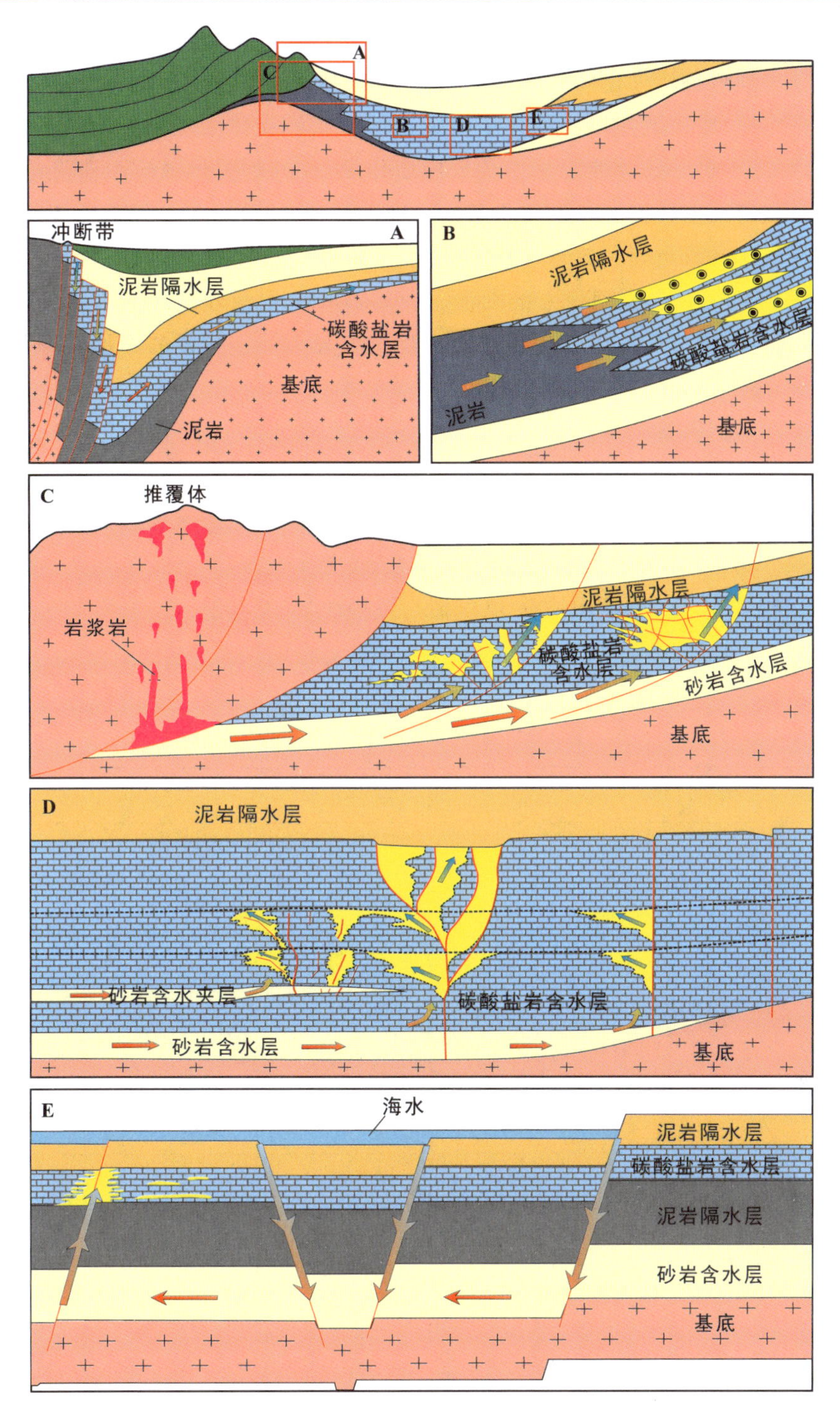

图 1-4 典型埋藏成岩环境流体驱动机制和流动样式

A. 水头差驱动的前陆盆地深循环淡水流动样式；B. 构造挤压和压实驱动的盆地泥岩层压实水流动样式；C. 推覆作用驱动的前陆盆地地层水流动样式；D. 构造驱动的走滑断裂上升流体活动样式；E. 温度梯度驱动的热对流海水流动样式

中浅埋藏环境主要位于地表至1000m深度范围内，该区间内成岩流体是沉积物被压实排除的孔隙流体。中埋藏环境处于浅埋藏环境之下，下限为油窗对应深度2000～3000m，该区间内机械压实已完成，成岩流体以沿缝合线附近扩散的压溶流体为主。深埋藏环境位于油窗之下，由于原油充注进入孔隙能阻止大部分成岩作用，并通过贾敏效应阻滞流体流动，因此深埋藏环境具有与其他环境迥异的成岩条件。Heydari(1997)更关注烃类流体类型，以烃类转化的温度界限为标准把埋藏成岩环境细分为前油窗阶段、油窗阶段、气窗阶段，其中前油窗阶段包含了Machel(2005)划分方案的浅、中埋藏环境，把深埋藏环境细分为油窗阶段和气窗阶段，强调了油窗与气窗内温度和烃类类型的差异也能造成成岩作用类型与产物的明显差别。

埋藏环境高温高压条件下，超临界态流体开始出现，它特殊的物理化学特性可能导致“深层”与“浅层”显著不同的成岩作用类型和流体流动规律。从地下常见流体的临界常数(表1-1)来看，大多数流体的临界压力低于10MPa，C_1～C_5烃类流体和其他常见非烃的临界温度低于150℃。结合地下温度-压力演化规律(图1-5)，除了C_6以上烃类大分子和H_2O，大部分地下流体在4500m(对应地层温度140～160℃)以下的埋藏深度都处于超临界态。

表1-1　地下常见流体临界常数

流体类型	压力/MPa	温度/℃	流体类型	压力/MPa	温度/℃
H_2	1.295	−239.95	C_2H_4	5.03	9.25
He	0.2291	−267.944	C_2H_6	4.88	32.25
Ne	2.725	−228.75	C_3H_8	4.25	96.85
Ar	4.86	−122.41	C_4H_{10}	3.75	135
Kr	5.496	−63.75	1-丁烯	4.02	146.45
Xe	5.89	16.55	1,3-丁二烯	4.329	152.25
N_2	3.393	−147.15	C_5H_{12}	3.75	96.6
N_2O	7.17	36.5	H_2S	9	100.45
CO	3.5	−140.23	SO_2	7.85	157.8
CO_2	7.37	30.95	C_6H_{14}	0.97	233.85
CH_4	4.63	−82.35	H_2O	22.1	374.15

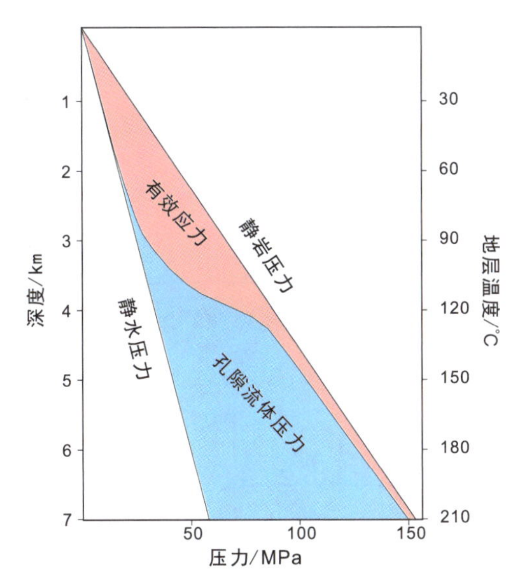

图 1-5 地下温度-压力演化示意图

注:其中压力以挪威陆架为例,温度梯度按 3℃/100m 计算。

作者以"深层"(4500m 以下)白云岩为研究对象,以流体性质和流动特征演化为线索,考虑到超临界态的出现对流体性质和流动规律的影响,在 Machel(2005)和 Heydari(1997)方案的基础上把埋藏成岩环境进一步细分为浅层埋藏环境、中层埋藏环境、中深层埋藏环境、深层埋藏环境,具体流体类型和深度范围见图 1-6。

对于储层而言,大多数海相碳酸盐沉积物的初始孔隙度为 40%~80%(Moore,1989)。首先对碳酸盐岩孔隙度和渗透率造成明显影响的成岩作用发生在海水成岩环境,以胶结作用对孔隙的充填为普遍特征。准同沉积期,文石和镁方解石沉积物短暂暴露地表接受大气淡水淋滤,会发生矿物稳定化以及粒内与粒间碳酸盐矿物的重新分布。在浅层埋藏环境和中层埋藏环境(2000~3000m)中,普遍发生机械压实和化学压溶作用,使孔隙度和渗透率大幅降低,逐渐升高的地层温度还导致碳酸盐矿物重结晶,重结晶不改变孔隙度,但能进一步降低围岩矿物的成岩潜力。达到中深层埋藏环境,若发生原油充注,孔隙水成岩潜力进一步降低,孔隙可能得以保存,形成古油藏;若无原油充注,进一步压溶作用可能使所有孔隙消失殆尽。以上过程可能普遍发生在地质历史时期大多数碳酸盐岩地层中。

然而在一些特殊情况下,在近地表至几千米深的埋藏过程中,岩石物性可以基本保持不变,或者在极端条件下,碳酸盐岩可能在埋藏过程中重新产生大量次生孔隙,从而在深层形成高渗透性含水层或优质油气储层(Machel,2005)。苏联数据显示,从 4000m 深度起,碳酸盐岩的平均孔隙度有随埋深增大的趋势,到 8000m 深度其平均孔隙度值稳定在 8%~10%之间(妥进才等,1999)。因此,当碳酸盐岩,尤其是白云岩,进入到深层埋藏环境时,由浅层—中深层数据推导出的孔隙度演化规律似乎已不再普遍适用。

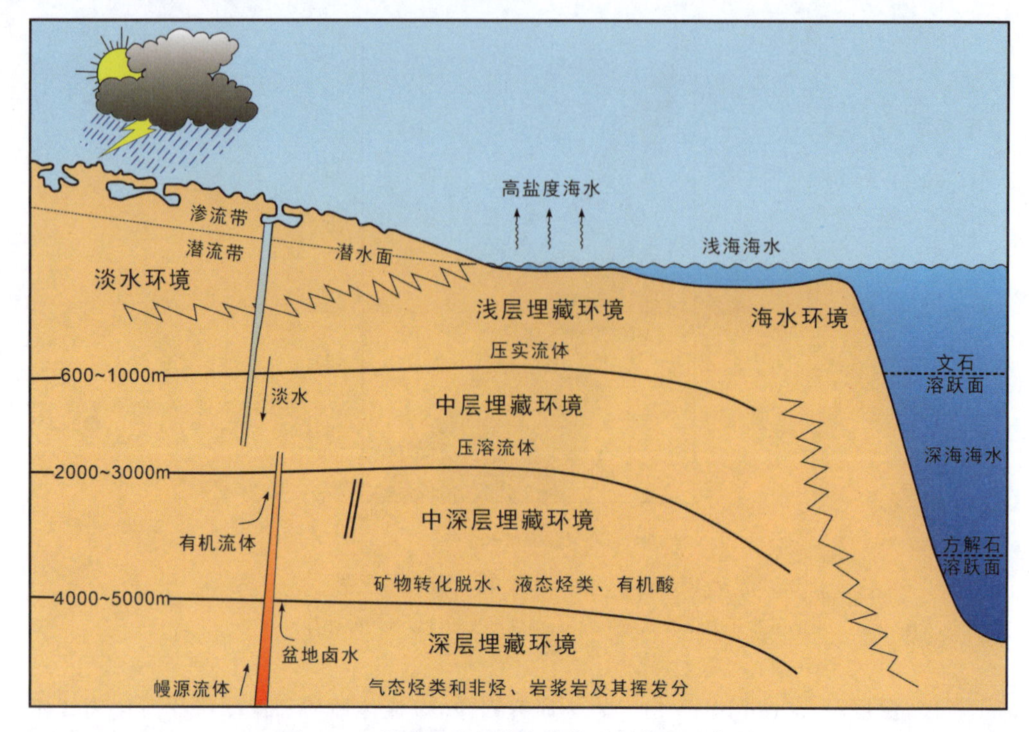

图 1-6　埋藏成岩环境流体类型与分布示意图

（据 Moore,1989;Heydari,1997;Machel,2005 修改）

注：由于不同地质年代不同地区地温梯度的差异，各埋藏成岩环境之间的深度界线变化较大，本图深度界线仅供参考。

这些深层碳酸盐岩含水层和优质油气储层引发了一个科学问题，即如何在深层碳酸盐岩储层中保存或创造大量孔隙。许多已发表成果都报道了深部产生的次生孔隙形成优质储层的案例，并认为埋藏溶蚀作用是优质储层形成的主要原因（Mazzullo and Harris，1992；Jameson，1994；Heward et al.，2000；Heasley et al.，2000；Esteban and Taberner，2003；Pöppelreiter et al.，2005；Wierzbicki et al.，2006；Beavington - Penney et al.，2008；Jin et al.，2006；Zampetti，2011，Warrlich et al.，2011；Cai et al.，2014；Jiang et al.，2018）。

但正如 Ehrenberg 等（2012）的评论中指出的那样，大多数声称埋藏溶蚀造就优质碳酸盐岩储层的案例都存在两个明显问题：①没有无可争议的埋藏溶蚀直接证据；②埋藏溶蚀的规模非常小，不足以形成具规模的优质储层。到目前为止，可能只有两个研究案例提供了无可争议的埋藏溶蚀证据，并且埋藏溶蚀形成了具一定规模的优质储层。中东地区侏罗系—白垩系微晶灰岩中发育的大量晶间微孔隙贡献了高达 30％的孔隙度，孔隙成因可能与上覆烃源岩生烃过程中随原油排出的有机酸相关（Lambert et al.，2006；Ehrenberg et al.，2012）。德国西北部下萨克森地区的 Zechstein 2 段盐间碳酸盐岩储层发生了明显的热化学硫酸盐还原反应(TSR),TSR 产物之一的 H_2S 与下伏碎屑地层中排出热流体中的 Fe^{2+} 反应释放了 H^+,引发的热液白云岩化和沿断裂的埋藏溶蚀导致孔隙度提高 10%～16%(Biehl et al.,2016)。以上两个案例合理地回答了碳酸盐岩地层埋藏溶蚀机制的两个基本问题。

(1)酸性流体产生机制。两个案例中酸性流体分别来源于生烃有机酸和 TSR 成因 H_2S 与外源富 Fe^{2+} 热液反应释放的 H^+。有机质成熟生烃排出有机酸和 TSR 对于深层白云岩而言可能是普遍现象,因此酸性流体产生机制对于大部分深层埋藏白云岩而言,并不是最关键的问题。事实上,酸性流体的来源一直不是埋藏溶蚀问题争论的焦点。

(2)碳酸盐快速溶解动力学特性。碳酸盐矿物的溶解速率很快,不饱和流体在接触碳酸盐岩时立刻就会被围岩缓冲而达到饱和状态。中东微晶灰岩案例中的有机酸(脂肪酸、羧化聚合物)可能是溶解在原油中被充注进入储层,之后被释放并溶解到残余孔隙水中,进而对围岩进行溶蚀,这种机制保证了有机酸能够进入储层,而非在烃源岩中或运移路径上就被快速消耗(Ehrenberg et al.,2012)。Zechstein 2 段案例中酸性流体直接在储层中形成,并沿裂缝进行快速运移,也克服了酸性流体从源头开始运移易被消耗的问题。

碳酸盐岩地层发生显著埋藏溶蚀的另外一个基本问题是有效的水文学条件。由于碳酸盐岩矿物在水中的溶解度都极低(几十至几百毫克每升),溶解作用一般需要在特殊外部驱动力作用下持续补给大量流体才可能达到显著的储层改造效应(Ehrenberg et al.,2012)。根据物质平衡原理计算,在白云岩地层中通过溶解作用每新增 1%孔隙度,需要补给和排泄的流量至少为 14 350～143 500m^3,而通过下伏地层压实作用显然不可能提供这么大的流量(图 1-7)。

相较于埋藏溶蚀的深部成储研究现状,学术界对深部白云岩孔隙保存机理的认识较为一致。目前,有 3 种因素被认为有利于白云岩孔隙在深部保存:①早期原油充注。原油进入孔隙,通过改变孔隙壁润湿性和阻滞流体流动的方式抑制后续成岩改造(Neilson et al.,1998;Heasley et al.,2000)。②超压。超压的存在有助于抑制压实,在碎屑岩储层中被广泛证实具有保存孔隙的能力(Lander and Walderhaug,1999;Bloch et al.,2002;Hao et al.,2007;Nguyen et al.,2013)。③白云岩的压溶抗性。已发表的灰岩与白云岩压溶现象的对比研究表明,白云岩具有比灰岩更强的抗压溶特性,在高压力或应力条件下,白云岩更易破裂形成裂缝而非被压溶(张学丰,2009)。虽然对于孔隙保存机制的认识争议较少,但孔隙保存机理的推理过程只能依靠一些孔隙度与保存因素之间的相关性作为间接证据,当被质疑相关关系不能代表因果关系时,往往陷入无可辩驳的境地。

综上所述,对于深层优质白云岩储层形成、保存与改造机理的认识还需进一步深入,尤其是面向深层埋藏环境下孔隙的形成与保存机理的研究还存在明显不足。事实上,相关方向的理论研究确实落后于勘探实践,尤其是在中国西部叠合盆地,近 20 年来在现今“深层”或曾经处于“深层”的白云岩层系发现了多个超千亿方巨型气田,显示了深层白云岩层系的巨大油气成储潜力。

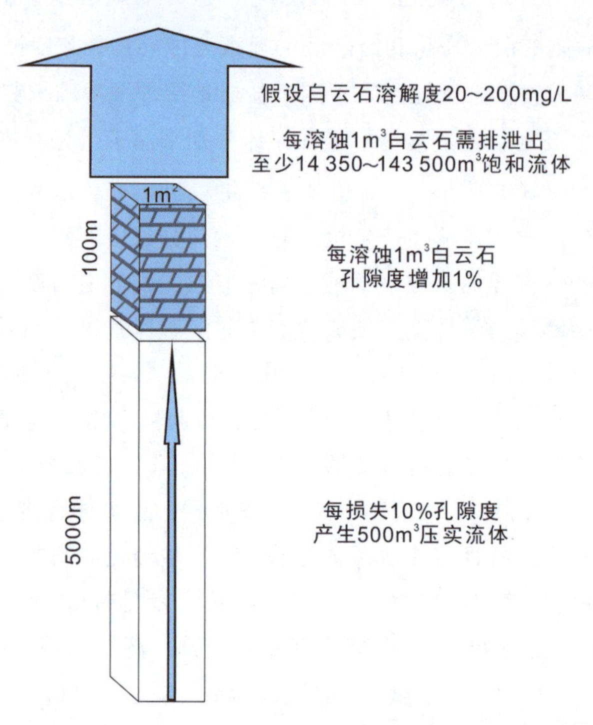

图 1－7　白云岩地层溶蚀作用所需流体流量示意图

（据 Ehrenberg et al.，2012 修改）

第二节　深层优质白云岩储层分布

虽然深层油气勘探面临各种理论和实践方面的困难，世界范围内仍发现了一批以深层高孔隙度白云岩为优质储层的大油气田（图 1－8）。

在中国以外地区，深层优质白云岩储层的发现无一例外都在研究程度较高的盆地，其勘探历程普遍为基于本盆地已勘探成功的浅层白云岩储层研究成果，进一步向相同层位的深层区块布置钻井时获得成功。这些深层优质白云岩储层集中在美国 Anadarko 盆地的泥盆系—上寒武统、Delaware 盆地的 Ellenburger 群、Gulf of Mexico 盆地上侏罗统 Smackover 组、Arabian 盆地 Abu Dhabi 和 Dubai 地区气田的上二叠统—下三叠统 Khuff 组、South Oman 盐盆的新元古界 Ara 群、墨西哥近海 Sureste 盆地 Ku－Maloob－Zaap 油气田群的上白垩统（图 1－8）。

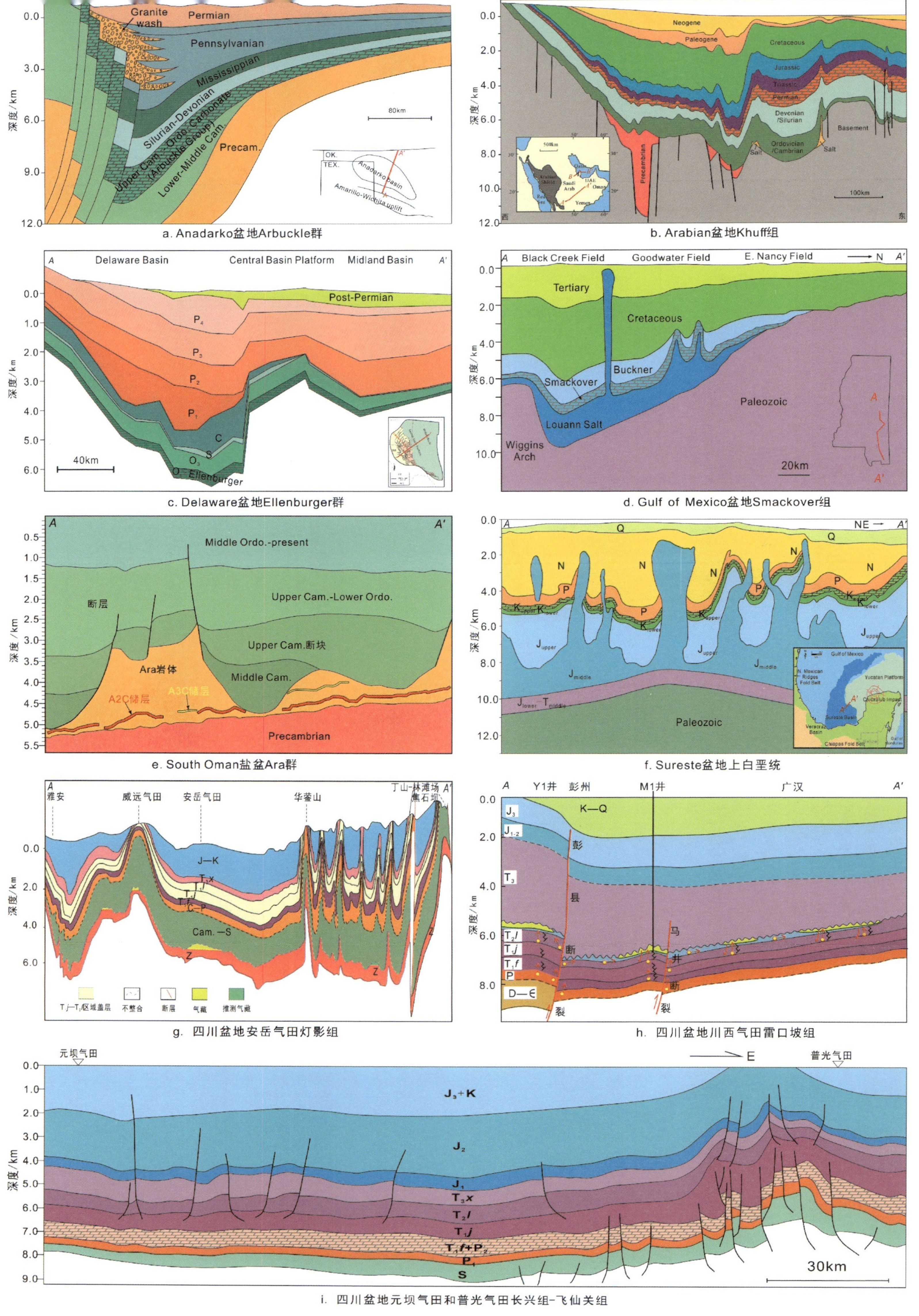

图1-8　全球已报道深层优质白云岩储层

注：a. Anadarko盆地Arbuckle群白云岩储层在冲断带前陆地区深度最大超过9000m，向北逐渐变浅至2000～3000m；b. Arabian盆地Khuff组白云岩储层在沙特南部和阿联酋地区深度超过4500m；c. Delaware盆地是美国Permian盆地一个次盆，位于Central Basin台地的西方，Ellenburger群白云岩储层深度最大超过6000m；d. Gulf of Mexico盆地在Alabama州、Mississippi州、Louisiana州和Florida州南部一带Smackover组白云岩储层埋深超过4500m，向北深度变浅；e. South Oman盐盆Ara群白云岩储层埋深约为5000m；f. 墨西哥近海Sureste盆地上白垩统角砾白云岩储层埋深约为4500m；g. 四川盆地安岳气田灯影组白云岩储层现今埋深约为5000m，但历史最大埋深超过8000m；h. 四川盆地川西气田雷口坡组白云岩储层现今埋深约为6000～7000m，在龙门山前陆地区深度最大，可达7000m，向东逐渐变浅；i. 四川盆地川东北地区，元坝气田长兴组—飞仙关组白云岩储层埋深约为7000m，普光气田长兴组—飞仙关组白云岩储层埋深为4000～6000m，且最大埋深均超过8000m。

仅从以上深层优质白云岩储层来看，储集岩类型包括角砾白云岩、鲕粒白云岩、微生物白云岩和晶粒白云岩，深度最深超过 8000m，地层温度因埋深而异，普遍在 140～200℃的高温范围内，却仍发育了大量孔隙度高于 10%的白云岩段。储集空间以微米尺度的组构选择性基质孔隙和厘米尺度的非组构选择性孔洞为主，基质孔隙以粒间孔、铸模孔、晶间孔、砾间孔为主，而孔洞主要发育在晶粒白云岩中，孔洞尺度明显大于该层位普遍发育的颗粒或生物格架。另外，几乎所有优质白云岩储层中均发育大量裂缝，并使储层渗透率显著提高，如 Sureste 盆地上白垩统角砾状白云岩储层由于普遍发育的裂缝，渗透率可达 $7000\times10^{-3}\mu m^2$（表 1－2）。

表 1－2 中国以外地区深层优质白云岩储层典型实例储层特征

盆地	阿纳达科盆地（Anadarko Basin）	特拉华盆地（Delaware Basin）	东南盆地（Sureste Basin）	墨西哥湾（Gulf of Mexico）	阿拉伯盆地（Arabian Basin）	阿曼盐盆南部（South Oman Salt Basin）
区块/油气田	Texas-Oklahoma boundary	Texas-New Mexico boundary	Southeastern Mexico off shore	Mississippi、Alabama	Abu Dhabi and Dubai Fields in UAE	Southern Carbonate Domain
储层层位	Arbuckle 群	Ellenburger 群		Smackover 组	Khuff 组	Ara 群
年代地层	泥盆系—上寒武统	中奥陶统	上白垩统	上侏罗统	上二叠统—下三叠统	新元古界
储层深度/m	7663～8103	3676～6951	2200～5000	4600	3688～6188	4200～5200
地层温度/℃	150～230	93～154	90～110	141	145～195	116～150
储层岩性	角砾白云岩	晶粒白云岩、角砾白云岩	砾屑白云岩	鲕粒白云岩	鲕粒白云岩	微生物白云岩
储集空间	砾间孔、晶间孔、裂缝	晶间孔、孔洞、溶缝、裂缝	砾间孔、晶间孔、裂缝	粒间孔、晶间孔	粒间孔、晶间孔、孔洞、裂缝、铸模孔	微生物格架孔、砾间孔
孔隙度/%	5～16	0～11.9	10	20	6～20	5～20
渗透率/$10^{-3}\mu m^2$	7		7000	100	1～500	1～100
探明储量（原油/亿 t，天然气/亿 m^3）	0.7，2321	3(原油)	19.7，1 557.27	1(原油)		

中国深层优质白云岩储层集中在四川盆地，贡献了4个超千亿方大气田，包括普光气田的下三叠统飞仙关组(T_1f)、元坝气田的长兴组(P_2ch)、安岳气田的上震旦统灯影组(Z_2dn)和寒武系龙王庙组($Є_1l$)、川西气田的中三叠统雷口坡组(T_2l)(图1-9)。储层岩性为颗粒白云岩、生物礁白云岩、微生物白云岩和晶粒白云岩，现今埋深和地温分别为4500～6900m和125～160℃，原油充注之后最大埋深和最高地温分别为7000～10 000m和165～240℃，高温导致原油全部裂解为天然气。普光气田和元坝气田优质白云岩储层储集空间以微米尺度基质孔隙为主，孔隙度至今仍高达25%以上；而安岳气田和川西气田微生物白云岩储层由于大量厘米尺度微生物格架孔和孔洞的发育，实测孔隙度(最高分别达10.32%和5.47%)可能严重低估了地层真实孔隙度。另外，裂缝发育虽对孔隙度贡献有限，但对储层渗透率有一定程度提高(表1-3)。

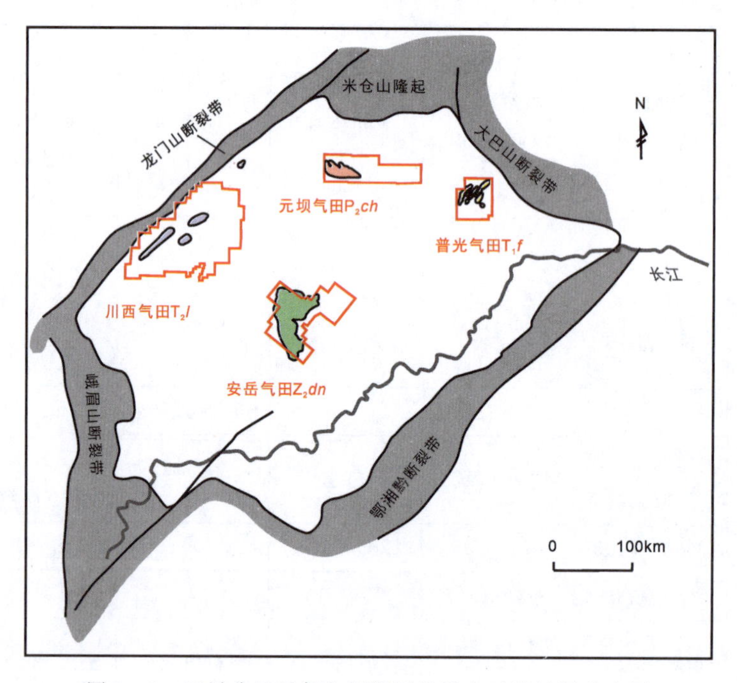

图1-9　四川盆地千亿方超深层优质白云岩储层分布图

表1-3　中国深层千亿方以上大气田优质白云岩储层特征(数值为区间或平均值)

	普光气田	元坝气田	安岳气田	川西气田
储层层位	飞仙关组	长兴组	灯影组、龙王庙组	雷口坡组
年代地层	下三叠统	上二叠统	上震旦统、下寒武统	中三叠统
油气藏埋深/m	4776～6008	6 327.9～6 897.5	4500～4830	5700～6300
地史最大埋深/m	8000	10 000	8000	7000

续表 1-3

	普光气田	元坝气田	安岳气田	川西气田
地层温度(最大古地温)/℃	125(240)	130(220)	137.5～160.3(230)	141.3～151.7(165)
地层压力/MPa(压力系数)	55.61～56.29(1.07～1.18)	65.8～69.3(1.01～1.12)	68.27～76.37(1.53～1.70)	63.57～67.81(1.11～1.12)
储层岩性	鲕粒白云岩	晶粒白云岩、生物礁白云岩	微生物白云岩	微生物白云岩
储集空间类型	粒间孔、粒内孔、晶间孔、裂缝	晶间孔、粒间孔、生物格架孔、裂缝	粒间孔、晶间孔、微生物格架孔、孔洞、裂缝	晶间孔、微生物格架孔、孔洞、裂缝
孔隙度/%	0.94～28.86	0.74～23.59	2.02～10.32	5.47
渗透率/$10^{-3}\mu m^2$	94.42	0.38	0.57	5.54
探明储量/亿 m^3	2 510.7	2195	4 403.8	1140

纵观全球深层白云岩储层特征和分布，可取得以下认识：第一，从储层赋存层位的地质年代考虑，深层优质白云岩储层的分布与浅层优质白云岩储层具有相似性，普遍发育于地史高海平面时期沉积地层(Sun，1995)；第二，已发现深层优质白云岩储层均为海相沉积，未见湖相白云岩；第三，从储层整体岩相类型考虑，主要有礁滩白云岩、微生物白云岩、角砾白云岩三大类岩相，前两类与特定沉积相带有关，后一类与表生岩溶或碎屑流沉积有关，作为Delaware盆地Ellenburger群和Sureste盆地上白垩统优质储层的角砾白云岩，在中国所有沉积盆地深层尚未发现；第四，在孔隙类型上，深层优质白云岩储层储集空间与前人报道的浅层优质白云岩储层并无明显区别，以各种组构选择性基质孔隙和非组构选择性孔洞为主，值得注意的是，裂缝属于以上每种深层优质白云岩储层都不可忽视的一种储集空间；第五，从储层孔隙度、渗透率和探明储量来看，深层白云岩经历8000m埋深之后依然能具有不输浅层优质储层的超高物性和储量，证明了白云岩的深层成储潜力(图1-10)；第六，与中国以外地区勘探历程不同，四川盆地贡献千亿方大气田的深层优质白云岩储层物性优于相邻油气田浅层同层位白云岩和灰岩储层物性，如安岳气田储层物性和储量远高于威远气田，而普光和元坝气田储层物性和储量远高于川东高陡带的一系列气田。

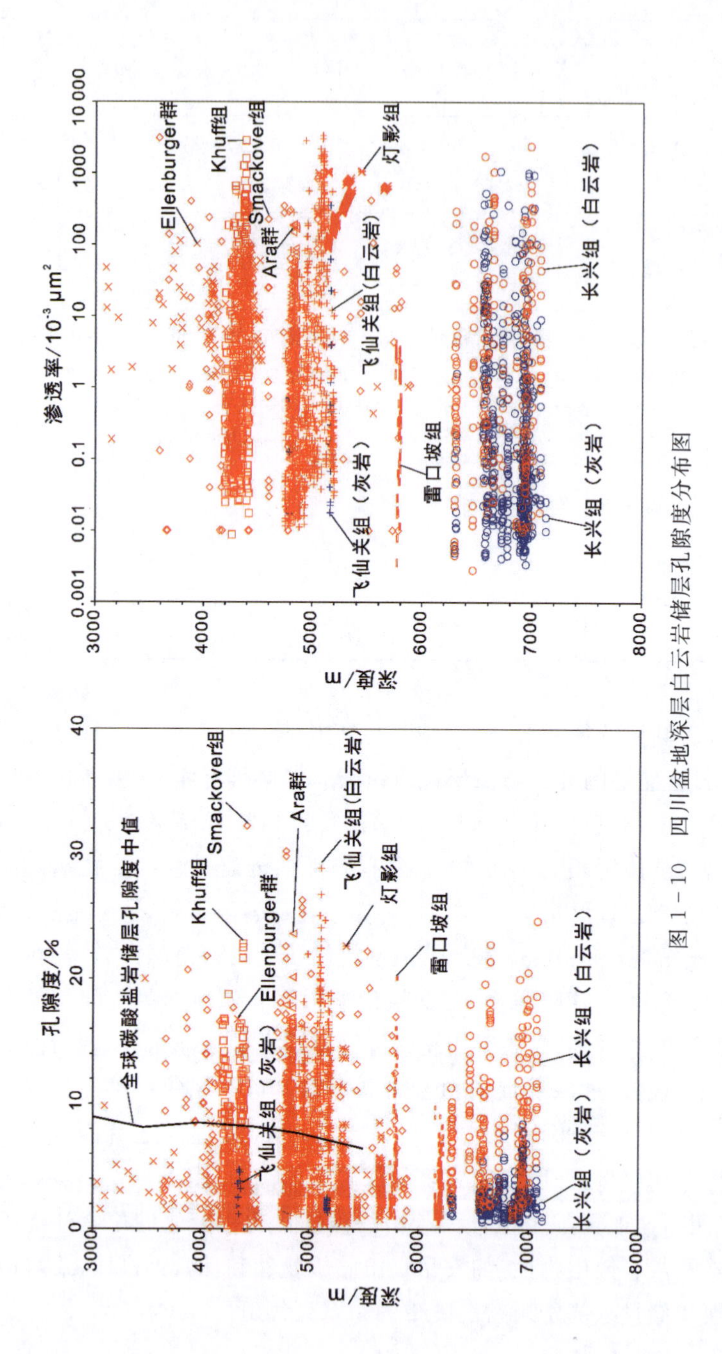

图 1－10 四川盆地深层白云岩储层孔隙度分布图

第二章　深层优质白云岩储层成因类型与储层特征

总结碳酸盐岩储层的类型，有助于油气储层的勘探和开发。国内外学者从不同的角度，提出了多种碳酸盐岩储层类型划分方案，总体上可分为两大类。一类考虑储集空间类型的储渗性能，基于储集空间类型，包括基质孔隙（粒间孔、晶间孔、粒内孔等）、孔洞、洞穴和裂缝，将储层划分为孔隙型储层、孔洞型储层和裂缝型储层以及多种复合型储层，适用于油气田开发（Rieke，1972；唐泽尧，1980；陈宝定，1981）。另一类是基于储集空间的成因，从三大类主控因素（沉积、成岩、构造）入手将储层划分为沉积相控型、成岩控制型和断控型三大类，并根据具体的沉积相带、成岩作用类型和断裂裂缝类型细分为多种储层成因类型，适用于油气田勘探（Roehl and Choqette，1985；卫平生等，2018）。值得一提的是，由于相同成因主控因素往往形成相同孔隙类型，所以后一类成因类型划分方案往往包含了前一类储渗类型划分方案，并在其基础上进一步细分。

笔者致力于讨论深层优质白云岩储层形成与保存机制，所以参考成因类型划分方案的思想，把目前世界范围内 10 个典型深层优质白云岩储层案例划分为两大类，即沉积相控型优质白云岩储层和表生岩溶控制型优质白云岩储层。目前发现的深层优质白云岩储层并无以断裂、裂缝为主要储集空间的断控型白云岩储层，但沉积相控型和表生岩溶控制型储层中裂缝仍是一种常见且重要的储集空间类型，特此说明。

第一节　沉积相控型优质白云岩储层

目前全球已发现的深层优质白云岩储层最普遍的成因类型是沉积相控型，根据沉积相类型可进一步划分为三大类：镶边台地高能的台缘礁滩相（中东阿联酋地区 Khuff 组、墨西哥湾盆地 Alabama 州和 Mississippi 州 Smackover 组、四川盆地普光和元坝气田长兴组—飞仙关组）、陆表海和碳酸盐岩缓坡微生物丘相（阿曼盐盆南部 Ara 群、四川盆地安岳气田灯影组、川西气田雷口坡组）、撞击事件相关碎屑流沉积（墨西哥 Sureste 盆地上白垩统）。总体上，沉积相控型优质储层的形成和分布与强水动力沉积环境有关。其中台缘礁滩相和微生物丘相分别为各自陆架沉积模式下最高能环境，对应 Irwin(1965)沉积相水动力分带模式的Y带(图 2-1)；而撞击事件相关碎屑流沉积与 Chicxulub 撞击产生的地震和海啸巨浪有关(Grajales-Nishimura et al.,2000)，代表了瞬时强水动力事件沉积。

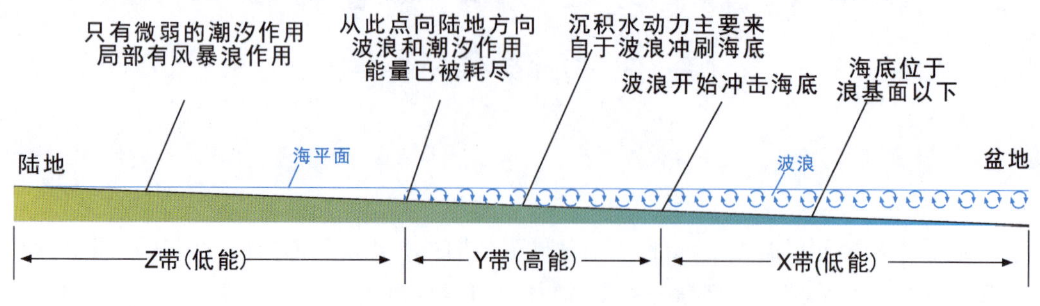

图 2-1　海相碳酸盐岩沉积环境能量分带示意图(Irwin,1965)

一、礁滩相控型储层

(一)四川盆地元坝气田和普光气田长兴组—飞仙关组白云岩储层

普光气田和元坝气田位于四川盆地东北部，晚二叠世长兴期该地区出现梁平-开江海槽，海槽两侧发育生物礁建造镶边的碳酸盐台地，至早三叠世印支期发育为鲕粒滩镶边的碳酸盐台地。元坝气田和普光气田分别位于海槽两侧的台地边缘，储层段分别为长兴组生物礁和飞仙关组鲕粒滩(图 2-2)。

元坝气田现今深度为 5600～6800m，历史最大埋深超过 8000m；普光气田现今深度为 4400～6000m，历史最大埋深超过 6000m。两者埋深处于 4500m 之下深层领域的持续时间均超过 180Ma(图 2-3，图 2-4)，而现今储层段平均孔隙度仍保持在 12%，最大可达 25%，为典型的深层优质白云岩储层(见图 1-10)。

元坝气田长兴组白云岩储层段沉积相类型是台缘生物礁及其伴生的生屑滩，原生孔隙类型为生物礁格架孔、体腔孔和粒间孔，白云岩化作用对原始沉积组构的破坏导致现今储层还发育大量晶间孔(图 2-5)。

普光气田飞仙关组白云岩储层段沉积相类型是台缘鲕粒滩，原生孔隙类型为粒间孔，大气淡水淋滤导致了鲕模孔的大量发育，白云岩化作用对原始组构的破坏和后续的重结晶作用还导致了大量晶间孔的发育(图 2-6)。

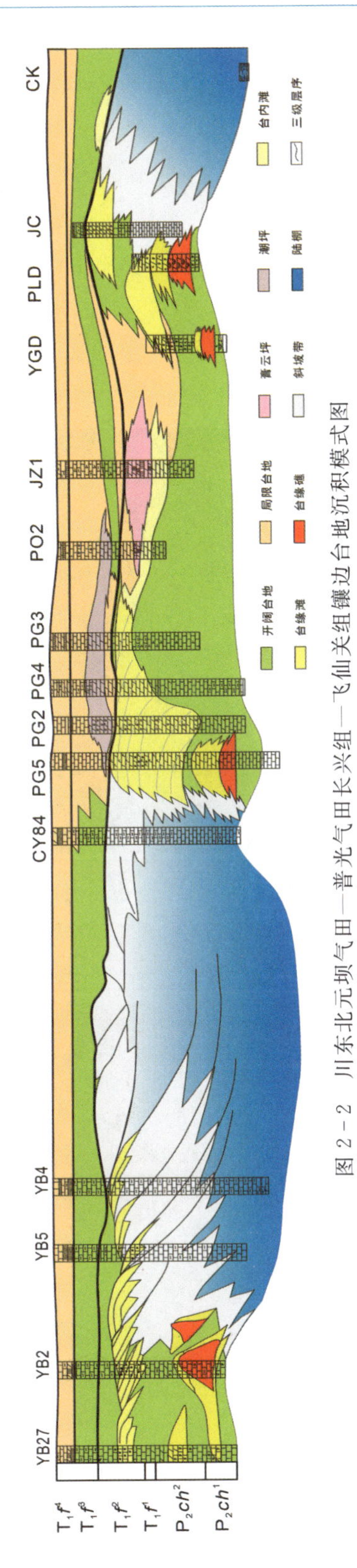

图2-2 川东北元坝气田—普光气田长兴组—飞仙关组镶边台地沉积模式图

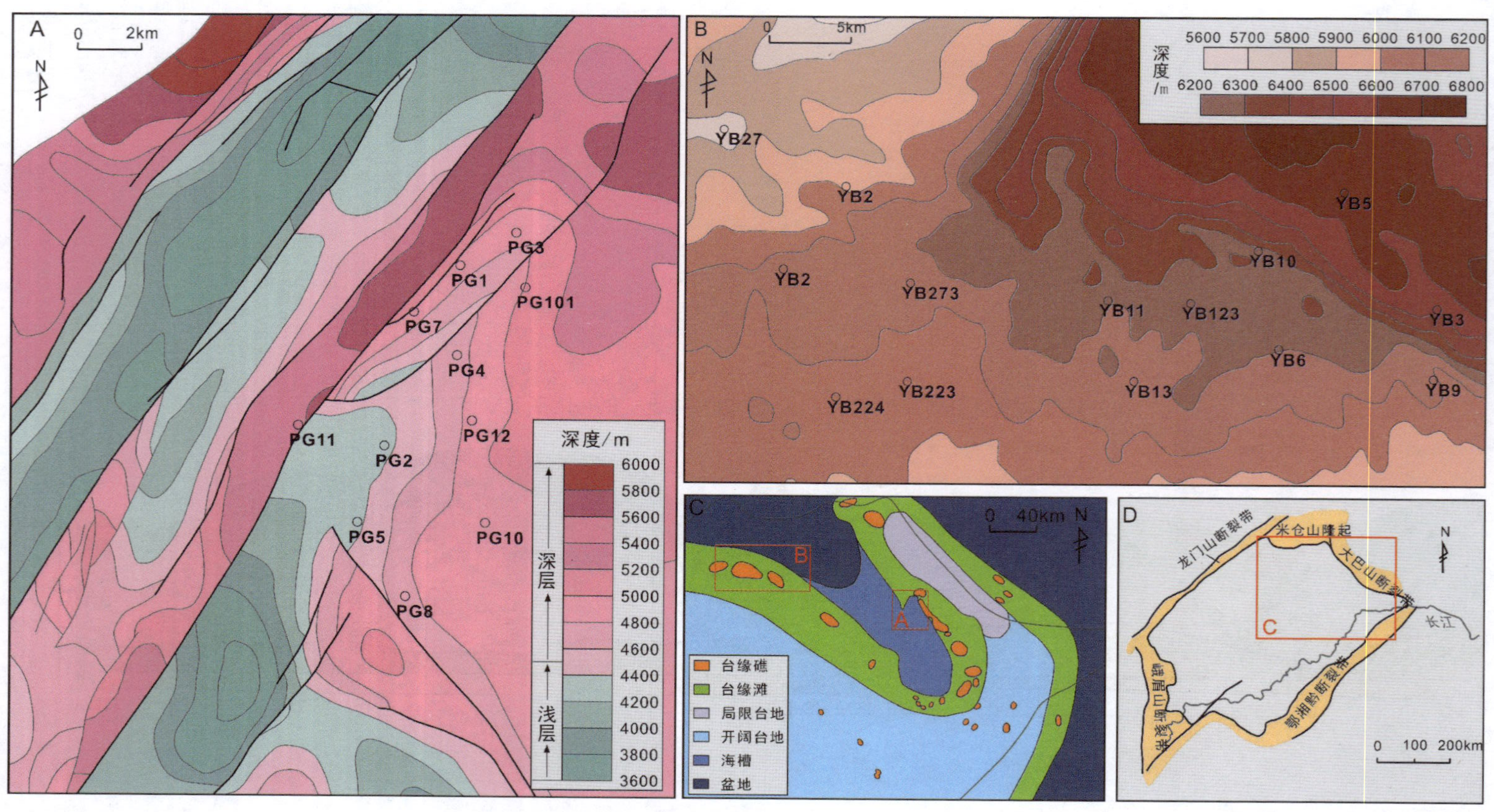

图2-3 四川盆地东北部普光气田和元坝气田深层优质白云岩储层分布图

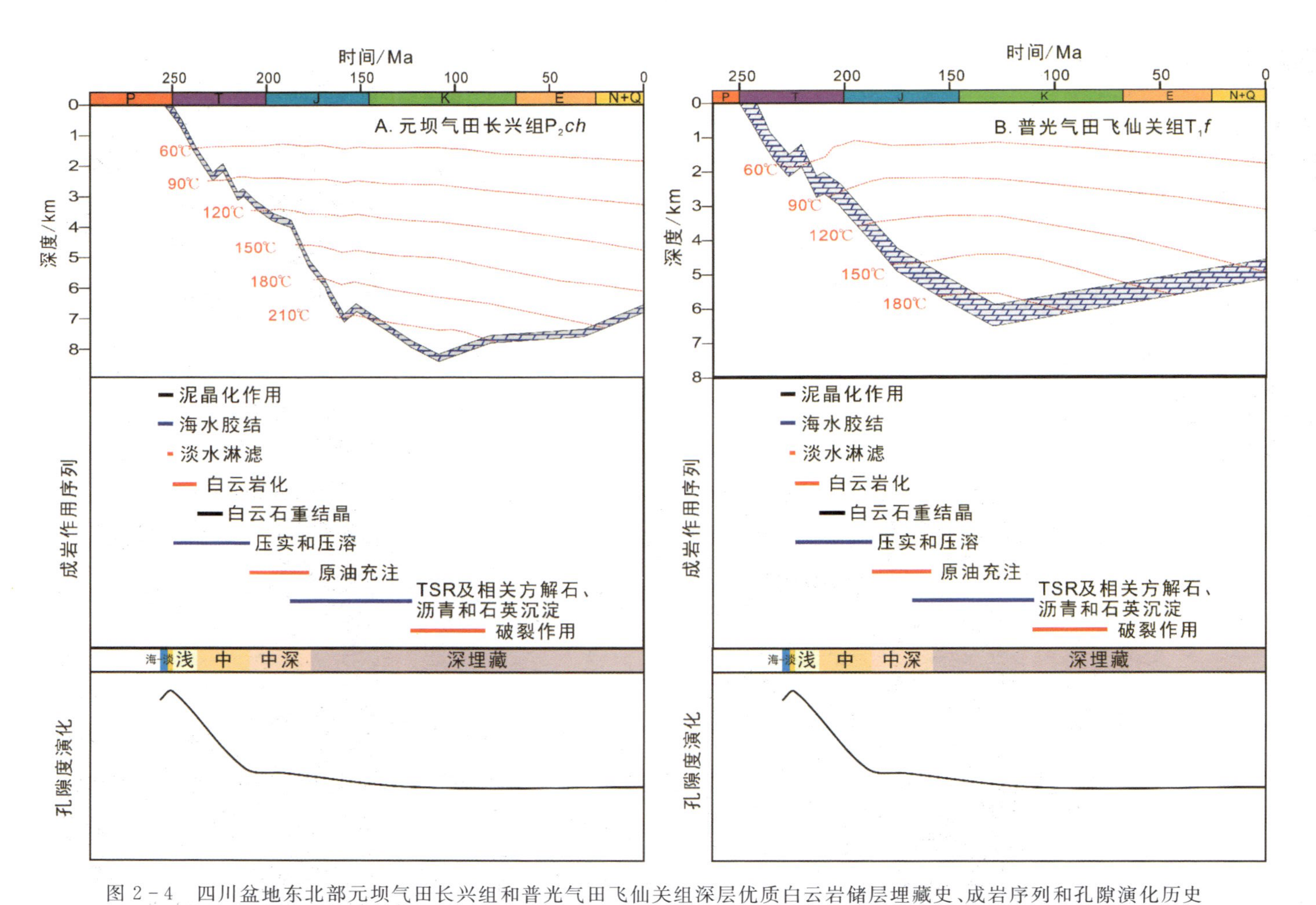

图 2-4　四川盆地东北部元坝气田长兴组和普光气田飞仙关组深层优质白云岩储层埋藏史、成岩序列和孔隙演化历史

注：飞仙关组埋藏史据李平平（2009）；长兴组埋藏史据 Li 等（2016）。

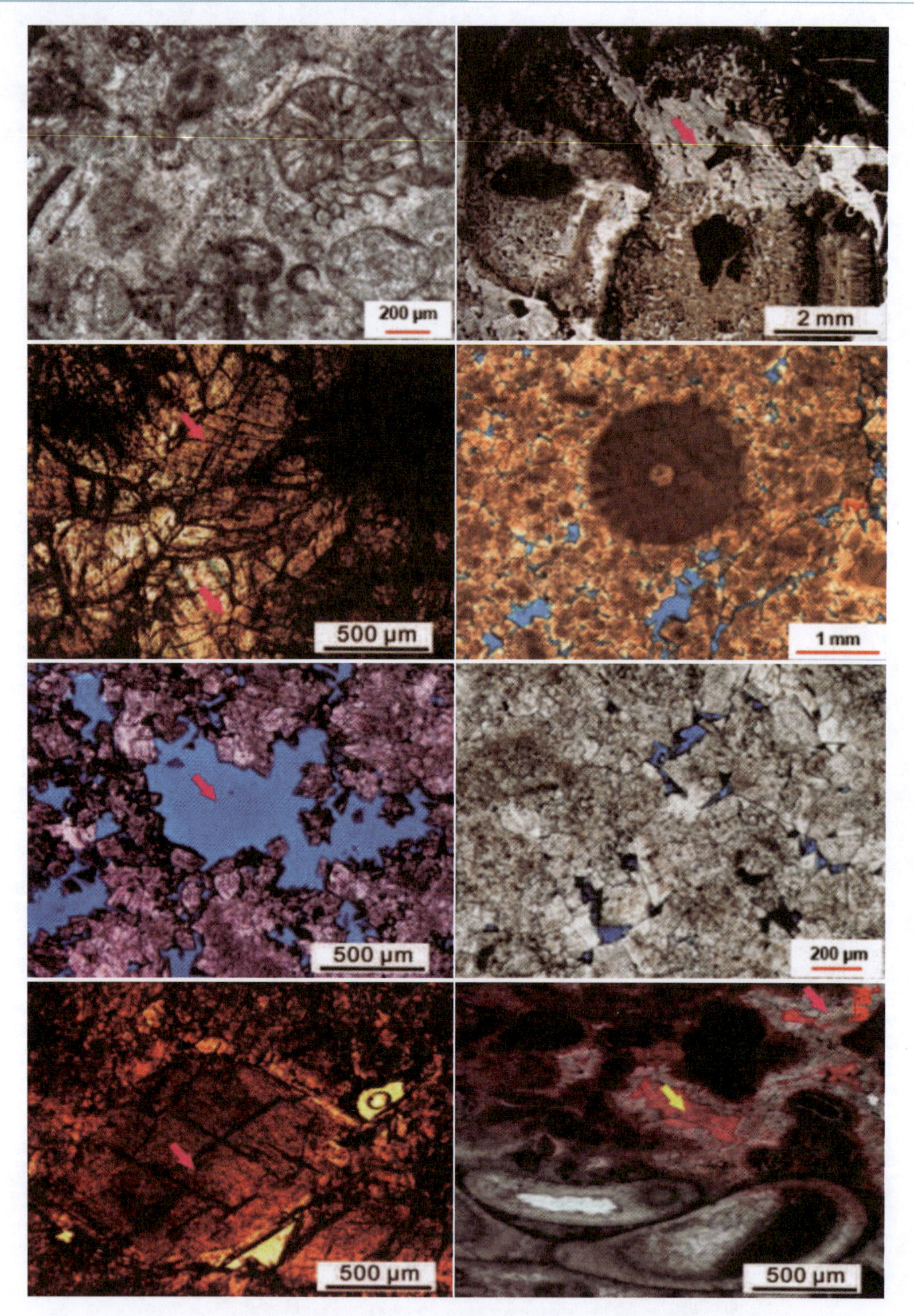

图 2-5　四川盆地元坝气田飞仙关组深层优质白云岩储层岩石学特征

（据 Jiang et al.，2014；Li et al.，2021）

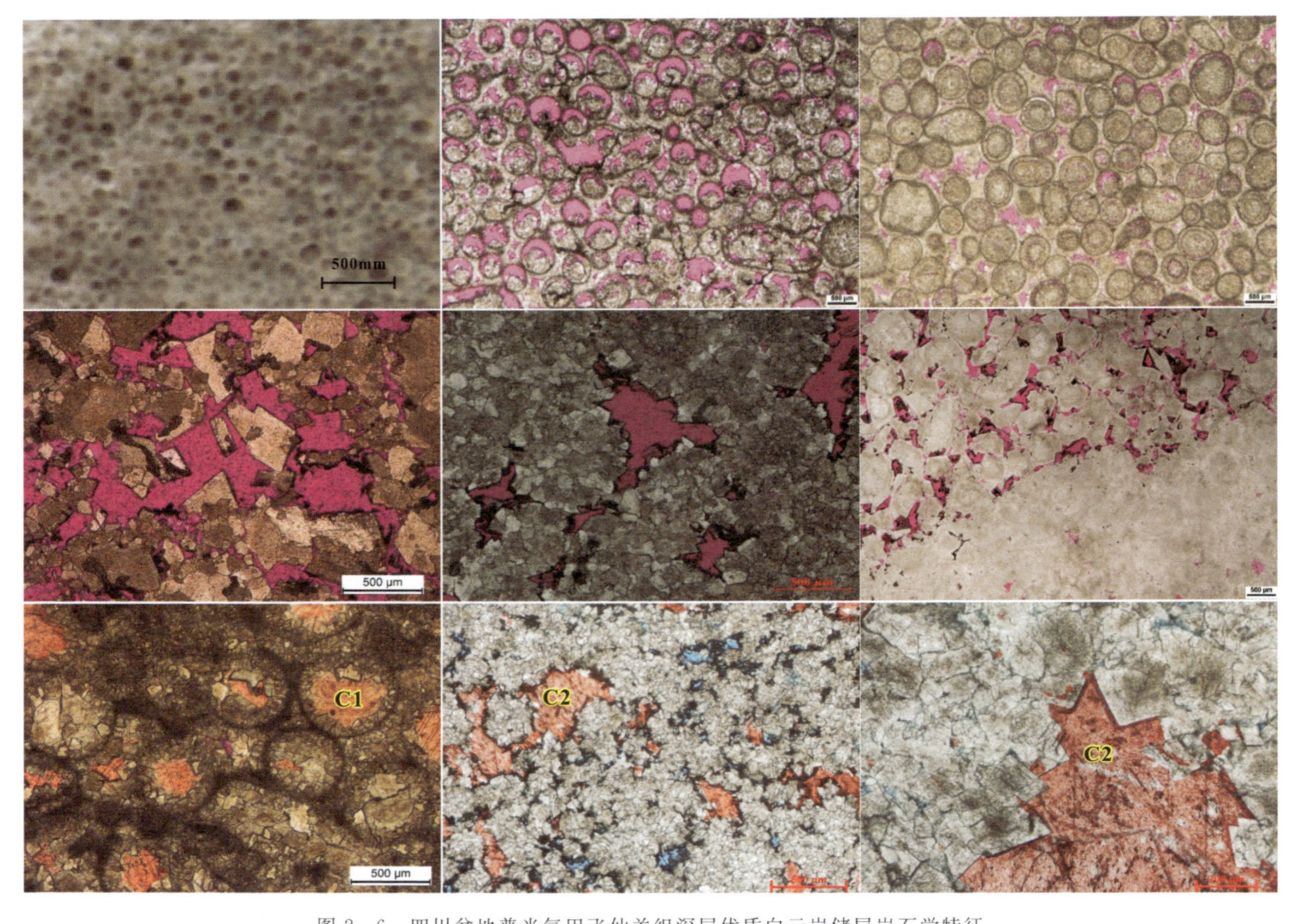

图 2-6 四川盆地普光气田飞仙关组深层优质白云岩储层岩石学特征

注：C1 为沥青形成之前的方解石胶结物；C2 为沥青形成之后的方解石胶结物。

由于相似的沉积条件和埋藏过程，元坝气田长兴组和普光气田飞仙关组经历了基本相同的成岩改造过程(见图 2-4)。同沉积期，海水成岩环境下经历了泥晶化作用和海水胶结作用，产物为泥晶套和等厚环边胶结物。准同沉积期，高频海平面升降导致生物礁和颗粒滩体顶部间歇性短暂暴露，淡水淋滤作用导致了铸模孔和粒内溶孔的发育。铸模孔和粒内溶孔边缘白云石晶形完整，未见明显溶蚀痕迹，指示淡水淋滤之后方才发生白云岩化。局部层段发育原始组构完全消失的晶粒状白云岩，阴极发光下组成糖粒状白云岩的细中晶白云石为均匀暗淡红色发光，推测为渗透回流白云岩化的产物，且未经历重结晶，而另有部分完全结晶的细晶白云岩阴极发光下可见暗淡红色发光白云石中含斑驳明亮红色发光亮点，推测为重结晶产物。孔隙中央常见的细晶白云石胶结物，一部分是过白云岩化的产物，另一部分是本地层化学压溶过程中胶结作用的产物；而储层段顶部白云岩还发育大量方解石胶结物，它晶面干净、全充填孔隙和无沥青内衬的特征，以及与上覆泥质灰岩段近似的 C、Sr 同位素比值和略偏负的 O 同位素比值，均暗示这期方解石胶结物来自上覆泥质灰岩段压溶导致的溶质再沉淀。早侏罗世，二叠系龙潭组烃源岩开始生油，原油充注进入储层孔隙。高地温梯度背景下，地层温度快速达到热化学硫酸盐还原反应(TSR)门限温度(100℃)和高峰温度(140℃)，TSR 产物不仅包括天然气中的 H_2S 和 CO_2，还包括储层中的方解石、黄铁矿、石英和高含硫沥青(Hao et al.,2008,2015)。但也必须认识到，各期成岩作用的范围和储层改造强度不同，成岩产物的空间分布也存在很大差异。在层序地层单元和高频沉积旋回控制的原生孔隙分布的基础上，成岩改造进一步增加了储层的非均质性。

在长达 250Ma 的成岩改造和孔隙演化过程中，淡水成岩作用、浅层—中层埋藏成岩作用主导了储层孔隙演化过程，而原油充注之后的中深层—深层埋藏成岩作用对孔隙的改造程度很小。在沉积旋回控制的原生孔隙分布基础上，淡水淋滤作用形成了大量铸模孔，一方面白云岩化作用造成了粒间孔和铸模孔向晶间孔转化，因而改造了孔隙结构；另一方面白云岩的抗压实压溶特性也有助于储层孔隙的深部保存。显著的储层破坏主要来源于海水成岩环境的环边胶结物和浅层—中层埋藏成岩环境的压实和压溶作用(包含压溶和胶结)。原油充注之后发生的 TSR 对储层是以溶蚀为主还是以充填为主目前仍有争议，但从手标本和镜下观察可以得出结论，无论是以溶蚀为主还是以充填为主，对储层孔隙的改造效应并不显著。最近报道的数值模拟结果也证实，普光气田飞仙关组中有限的碳源限制了 TSR 对储层的改造强度(Lu et al.,2022)。

(二)Arabian 盆地沙特东南部、阿联酋地区 Khuff 组白云岩储层

Arabian 盆地 Khuff 组白云岩储层是世界上最大的天然气储层，目前埋深范围从 2500m 至 6000m 以下(Worden et al.,2000)。在阿拉伯湾中部的 North 气田和 South Pars 气田浅层 Khuff 组白云岩储层总可采储量达 42.5 万亿 m^3(Ehrenberg et al.,2007)，往南到阿联酋

Abu Dhabi 和 Dubai 地区，Khuff 组地层从沉积之后持续埋深，现今深度超过 4500m，但仍能保持高开发潜力(图 2-7)。

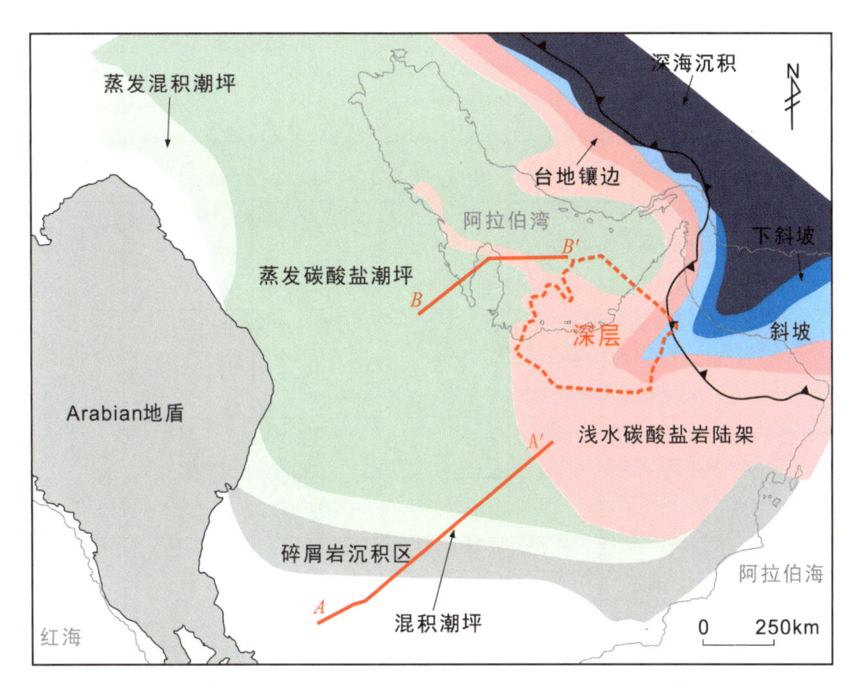

图 2-7 阿拉伯盆地 Khuff 组沉积相展布与深层白云岩优质储层分布特征

注：深层储层红色选线范围引自 Alsharhan(2006)，沉积相展布引自 Ehrenberg 等(2007)和 Knaust(2009)，*A*—*A*′和 *B*—*B*′剖面见图 1-8b。

晚二叠世—早三叠世，Arab 地台发育典型的碳酸盐镶边陆架，台地古地貌自西向东倾没，从蒸发性混积陆架加深至盆地相。Arabian 湾—沙特东南部—阿曼地区为浅水高能碳酸盐陆架，以鲕滩沉积为主，储层主要发育其中，表现出明显的沉积相控特征(图 2-7)。储层的相控特征还明显体现在不同微相类型的孔渗物性差异上。泥晶支撑碳酸盐岩和球粒-生屑粒泥碳酸盐岩是低能沉积物，其孔隙度大多低于 5%；球粒-生物格架粒泥碳酸盐岩和球粒-生物格架泥粒碳酸盐岩是中等能量沉积物，孔隙度大多低于 10%；球粒-鲕粒-生物格架颗粒碳酸盐岩和砾屑颗粒碳酸盐岩为高能沉积物，大多数样品孔隙度在 5%～15%范围内，最高达 18%。

另外，白云岩与灰岩之间的物性差异还强烈指示了白云岩化作用对储层的控制因素(表 2-1，图 2-8)。白云岩孔隙度和渗透率不仅整体上普遍高于灰岩，6 种微相类型的白云岩样品也全部高于对应微相类型的灰岩样品。

表 2-1 沙特中部 Khuff 组不同微相类型灰岩与白云岩孔隙度和渗透率特征(Al-Qattan,2014)

微相类型		所有样品				灰岩				白云岩				差异		
序号	微相名称	样品数/个	孔隙度/%	渗透率(数值平均)/$10^{-3}\mu m^2$	渗透率(几何平均)/$10^{-3}\mu m^2$	样品数/个	孔隙度/%	渗透率(数值平均)/$10^{-3}\mu m^2$	渗透率(几何平均)/$10^{-3}\mu m^2$	样品数/个	孔隙度/%	渗透率(数值平均)/$10^{-3}\mu m^2$	渗透率(几何平均)/$10^{-3}\mu m^2$	孔隙度/%	渗透率(数值平均)/$10^{-3}\mu m^2$	渗透率(几何平均)/$10^{-3}\mu m^2$
1	泥晶支撑碳酸盐岩	44	5.1	2.00	0.22	1	0.3	0.10	0.10	38	5.2	2.20	0.24	4.9	2.10	0.14
2	球粒-生屑粒泥碳酸盐岩	161	3.3	2.70	0.21	81	1.6	2.90	0.22	33	5.3	5.40	0.26	3.7	2.45	0.04
3	球粒-生物格架粒泥碳酸盐岩	190	7.7	4.50	0.42	59	2.3	3.20	0.34	80	12.2	6.50	0.69	9.9	3.35	0.35
4	球粒-生物格架泥粒碳酸盐岩	128	9.6	8.40	0.76	42	3.8	0.00	0.19	46	13.4	9.50	1.51	9.7	8.88	1.32
5	球粒-鲕粒-生物格架颗粒碳酸盐岩	60	9.6	20.00	0.43	38	9.3	0.60	0.24	9	11.2	94.30	1.76	2.0	93.68	1.52
6	砾屑颗粒碳酸盐岩	17	9.8	4.00	0.43	2	5.5	0.30	0.20	11	10.8	3.50	0.44	5.4	3.24	0.24
平均值			7.0	6.20	0.38		3.5	2.10	0.24		10.1	9.70	0.59	6.6	7.60	0.35

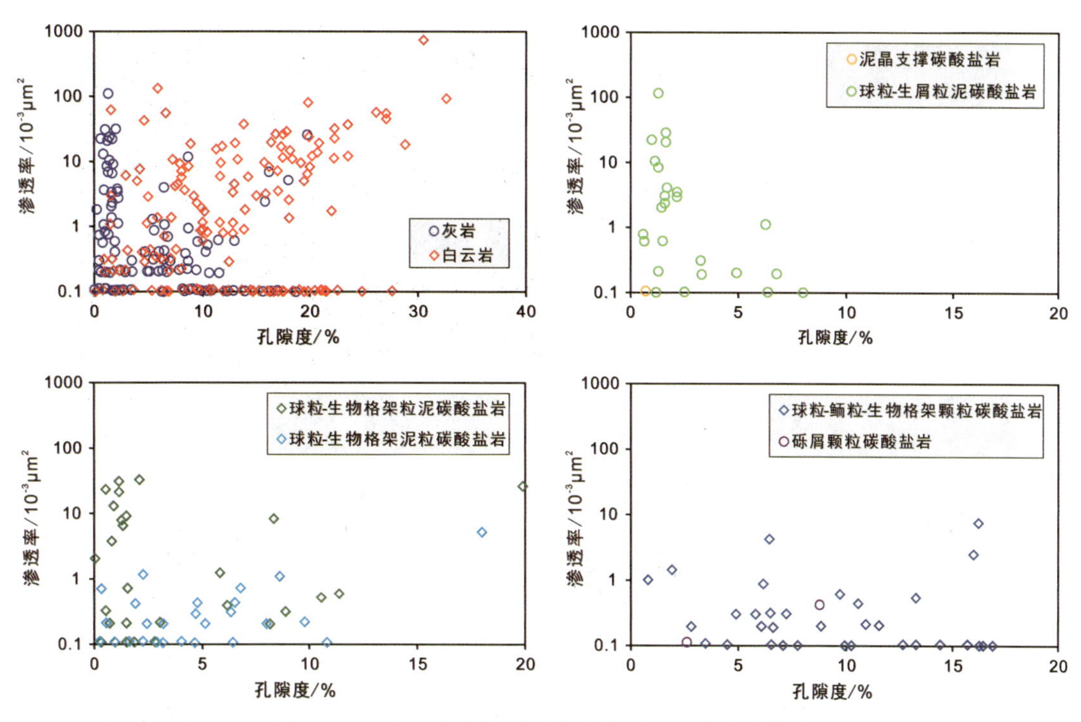

图 2-8 Khuff 组深层碳酸盐岩孔隙度和渗透率特征

注：数据源于 Al-Qattan(2014)。

相较于全球范围内其他深层优质白云岩储层，深层 Khuff 组白云岩具有最简单的埋藏和成岩演化过程。泥晶白云岩几乎未见任何成岩改造(图 2-9A)，鲕粒白云岩中成岩现象较丰富。海水成岩环境以泥晶化作用和等厚环边胶结作用为主要成岩作用类型。淡水淋滤作用对鲕粒进行溶蚀形成了粒内溶孔和铸模孔，但溶解出来的溶质在颗粒之间沉淀，最终效应是完成了碳酸盐矿物从文石向低镁方解石的转变和孔隙结构的调整(图 2-9B)。浅层埋藏环境下，卤水渗透回流引起的白云岩化作用形成了 3 种结构的白云岩，即原始组构保存的拟晶交代白云岩(图 2-9C)、原始组构保存的非拟晶交代白云岩(图 2-9D)和原始组构破坏的白云岩(图 2-9E)(Al-Qattan，2014)。中层埋藏环境下的压溶作用是深层 Khuff 组白云岩储层中白云石胶结物的主要来源，也是储层最普遍的晚期白云石胶结物。中晚侏罗世，Khuff 组进入中深层埋藏环境，发生了原油充注和少量硅化。在深层埋藏环境，成岩作用类型为 TSR 及其相关的方解石交代硬石膏、单质硫沉淀和鞍形白云石的沉淀(图 2-9F)(Worden et al.，2000)。

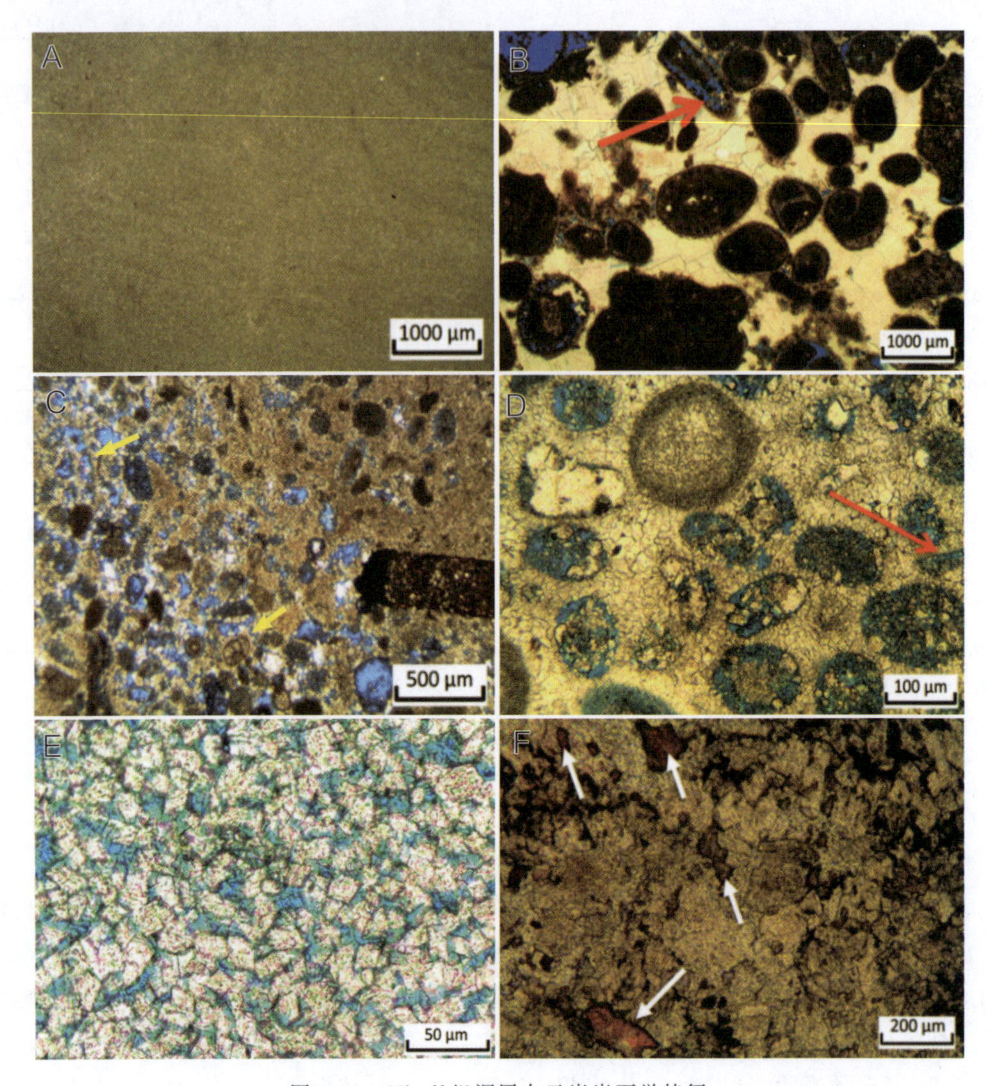

图 2-9　Khuff 组深层白云岩岩石学特征

（据 Alsharhan，2006；Al-Qattan，2014；Al-Qattan and Budd，2017）

在长约 250Ma 的整个成岩演化的成岩改造和孔隙演化过程中，白云岩化作用是最重要的成岩作用，白云岩的抗压溶特性有利于储层在进入深层领域时保存孔隙。海水与淡水成岩环境中的胶结作用、溶解作用和矿物稳定化作用减小了储层在埋藏阶段的成岩改造潜力，也有利于储层的保存（图 2-10，Al-Qattan and Budd，2017）。在浅层埋藏环境中，黏土矿物沉积分布控制的压溶作用及其相关胶结物充填和白云岩化过程中的硬石膏胶结作用在沉积旋回的基础上进一步控制了 Khuff 组储层的发育和分布（Ehrenberg，2006）。此外，强烈的破裂作用在深层 Khuff 组白云岩储层中产生的大量垂直和高角度裂缝互相交错，形成的裂缝网络对深层 Khuff 组白云岩储层的孔隙度和渗透率也有重大意义(Alsharhan,2006)。

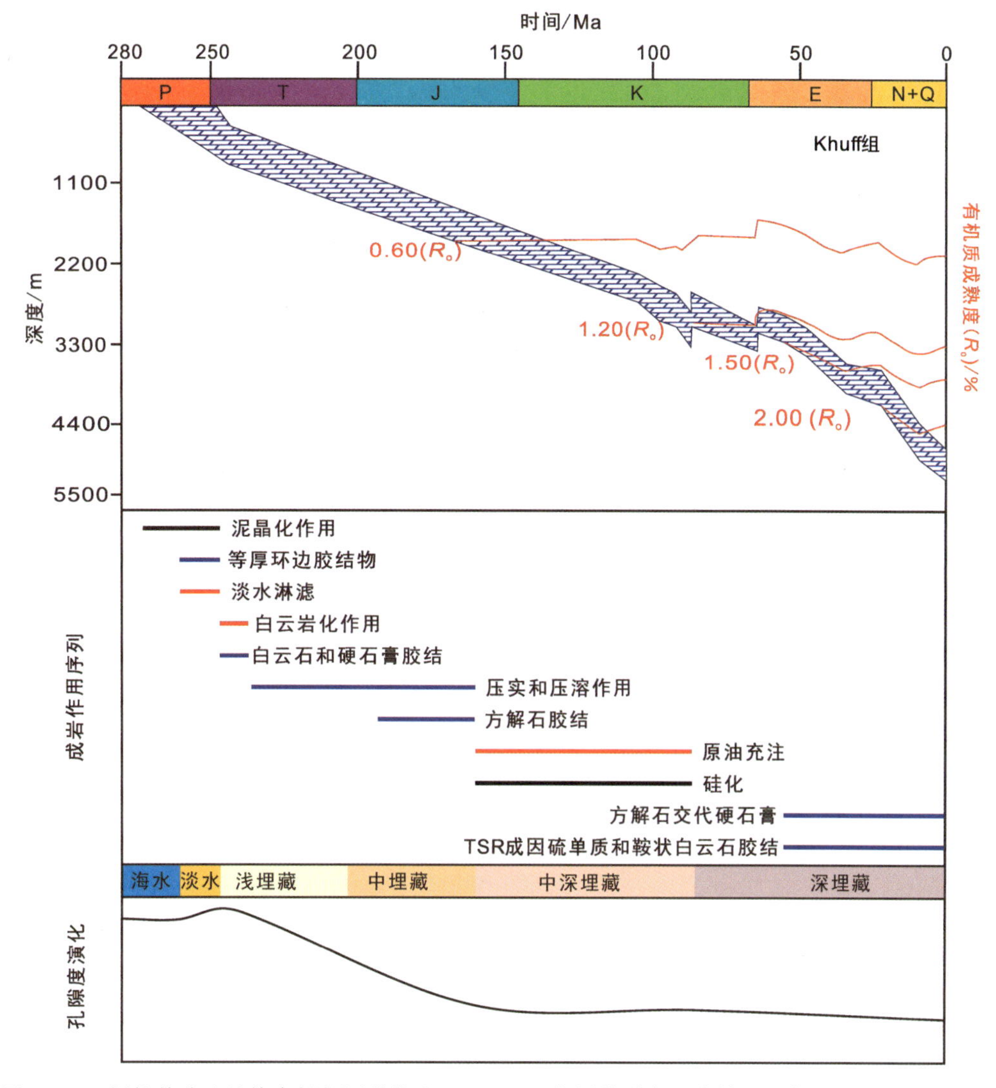

图 2-10　阿拉伯盆地沙特南部和阿联酋地区 Khuff 组深层优质白云岩储层埋藏、成岩和孔隙演化史

(据 Worden et al. ,2000;Alsharhan,2006;Al-Qattan and Budd,2017)

(三)墨西哥湾盆地 Smackover 组白云岩储层

Smackover 组是墨西哥湾盆地中北部美国陆上地区最重要的油气储层,其中 Alabama 州—Mississippi 州—Louisiana 州—Florida 州南部地区 Smackover 组白云岩储层埋深超过 4500m,却仍保持超高储集性能。Alabama 州西南部的 Barnett 油田已经产出超 400 万桶(1 桶约 158.97L)原油和 4 万亿 m^3 天然气,充分证实了 Smackover 组白云岩的储集能力(Wilbourn,2012)。

整个墨西哥湾盆地中北部地区 Smackover 组碳酸盐岩储层主要发育在浅缓坡相，尤其是在鲕粒滩中，表现出明显的相控特征(图 2-11)。例如，Louisiana 州北部的 Oaks 油田的 Smackover 组储层发育在 3 个独立的前积鲕粒滩体中，每个鲕粒滩代表了 1 个 4 级或 5 级向上变浅旋回的上部，而旋回下部的粒泥岩为非储层段(Erwin et al.，1979)。

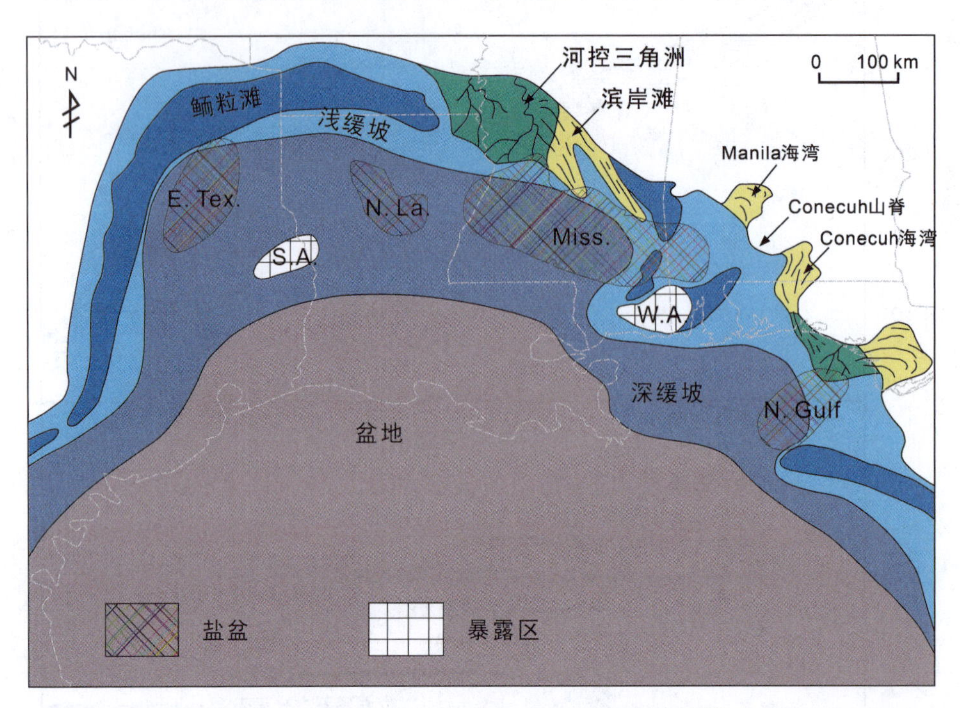

图 2-11 墨西哥湾盆地 Smackover 组沉积相图

(据 Galloway，2008 修改)

墨西哥湾中北部深层 Smackover 组白云岩储层埋藏历史和成岩演化历史与阿联酋地区 Khuff 组非常相似(图 2-12)。以固体沥青的形成为节点事件，可判断白云岩储层的主要成岩改造作用发生在原油充注之前，而原油充注之后只发生原油和天然气参与的 TSR。海水成岩环境主要发生泥晶化作用、等厚环边胶结作用和蒸发白云岩化作用。高频短暂暴露的淡水成岩环境主要发生了矿物稳定化作用，形成了储层的主要储集空间之一——粒内溶孔(图 2-13A、B)。在浅层埋藏环境中，渗透回流的卤水使地层大规模白云岩化，并产生了类似于 Khuff 组白云岩储层中白云岩岩石结构的变化，其中糖粒状白云岩的形成贡献了现今储层中大量发育的晶间孔(图 2-13C、D)，并伴随硬石膏的沉淀(图 2-13E)。浅层—中层埋藏环境，白云岩储层中机械压实和压溶作用及相关胶结作用很弱，而相邻灰岩地层可见明显机械压实和压溶作用导致的颗粒破裂、变形和颗粒间线接触以及原油充注之前胶结物的充填。中深层埋藏环境，伴随原油充注而发生的 TSR 作用以底水层中鞍形白云石和硬石膏的胶结以及油层孔隙中的固体沥青的形成为主要特征。深层埋藏环境，TSR开始消耗天然气，以硬石膏溶解、单质硫形成和沥青形成之后方解石的沉淀为主要特征（图2-13F）。

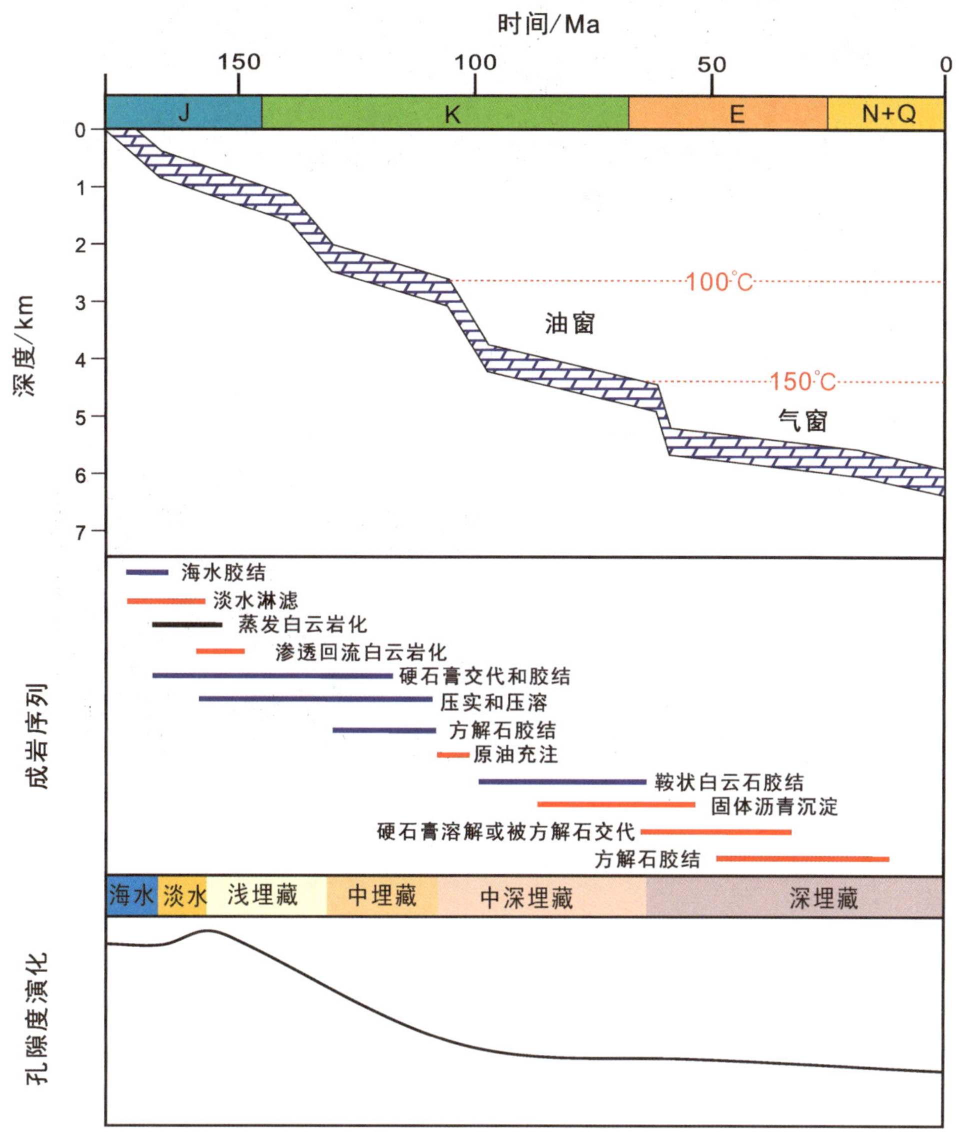

图2-12 墨西哥湾Smackover组深层优质白云岩储层埋藏史、成岩序列和孔隙演化历史

（据Kopaska-Merkel and Schmoker，1994；Heydari，1997）

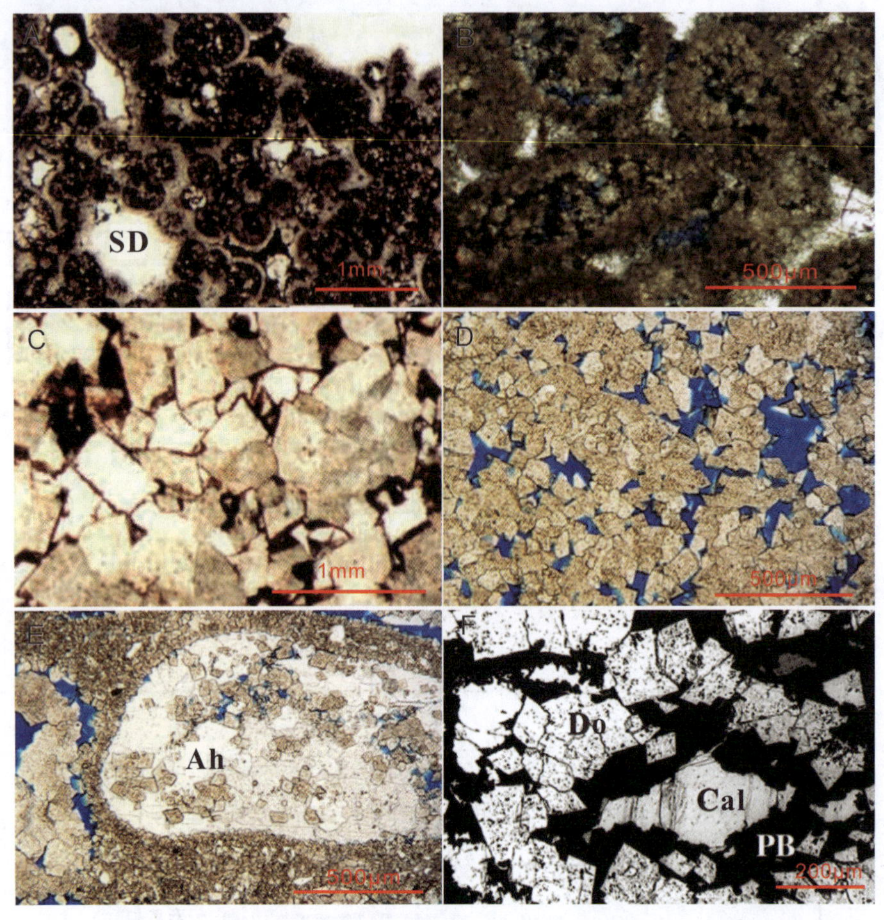

图 2-13　墨西哥湾 Smackover 组深层优质白云岩储层岩石学特征

（据 Prather，1992；Moore and Wade，2013）

注：SD. 鞍形白云岩；Ah. 硬石膏胶结物；Do. 白云石；Cal. 方解石；PB. 焦沥青。

对于深层 Smackover 组白云岩储层而言，储集空间主要为铸模孔和晶间孔，暗示了淡水淋滤作用和白云岩化作用是最主要的成岩改造类型。同生期海平面高频升降导致的鲕滩顶部间接性暴露接受大气淡水淋滤，也是储层的发育的主要控制因素之一（Kopaska - Merkel et al.，1994）。在 Alabama 州，Choctaw 隆起和 Conecuh 隆起以及 Baldwin 水下隆起的存在控制了大气淡水的输入路径，靠近古隆起的 Smackover 组白云岩储层储集空间以铸模孔为主（图 2-14）。白云岩化作用对储层的改造效应主要体现在两个方面。一方面，白云岩化作用通过对原始岩石结构的改造，形成了大量发育晶间孔的晶粒状白云岩，这种储层孔隙结构的调整显著提高了储层的渗透性（Moore et al.，1988；Prather，1992）。另一方面，白云岩化作用提高了储层的抗压溶特性，在整个墨西哥湾盆地中北部 Smackover 组，浅层同时发育鲕粒灰岩和鲕粒白云岩储层，而当 Smackover 组埋深进入深层的油气田，仅鲕粒白云岩段还保存大量孔隙，Mississippi 州 Black Creek 气田 Smackover 组中白云岩具有明显高于灰岩的孔隙度和渗透率(图 2-15)。

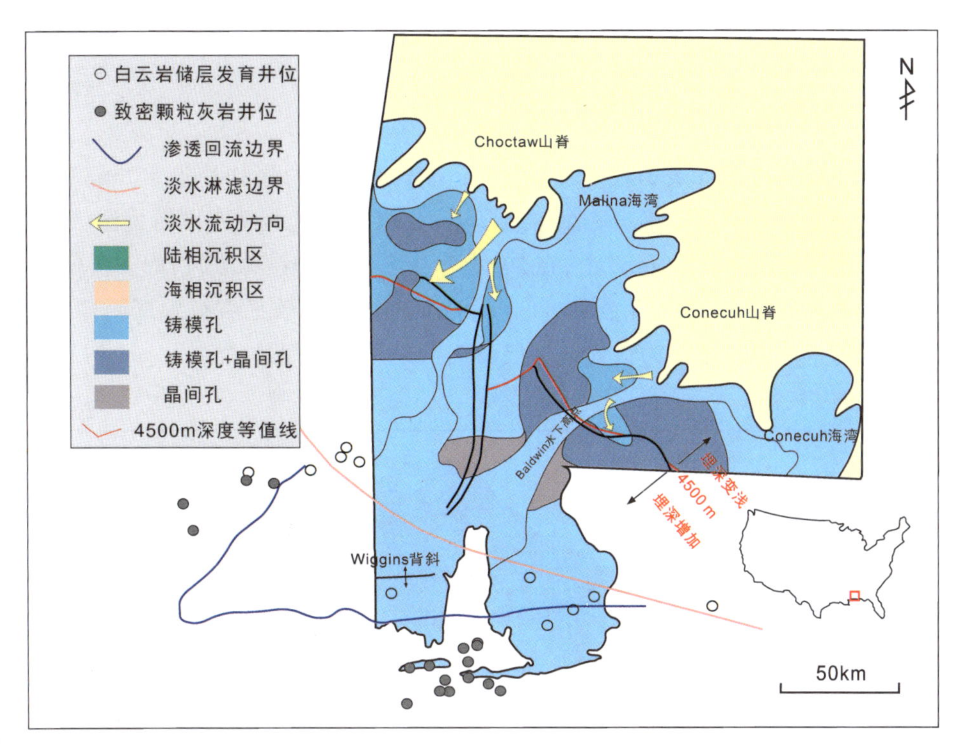

图 2-14 墨西哥湾盆地 Mississippi 州和 Alabama 州 Smackover 组深层白云岩储层的沉积相、早期淡水淋滤和白云岩化作用控制特征

(据 Prather,1992;Melas and Friedman,1992;Kopaska-Merkel and Schmoker,1994)

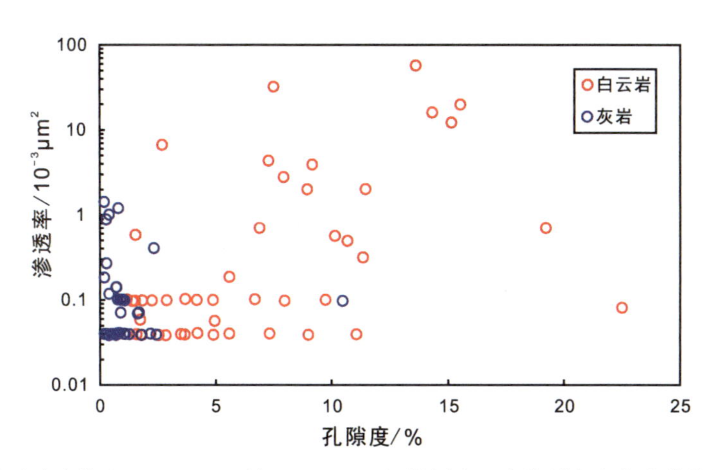

图 2-15 墨西哥湾盆地 Mississippi 州 Smackover 组深层白云岩储层段和灰岩非储层段物性特征

(据 Heydari,1997)

二、微生物丘相控型储层

(一)四川盆地安岳气田灯影组白云岩储层

灯影组是四川盆地最古老的油气储层，在全盆地大部分地区均处于4500m之下，威远气田和安岳气田是盆地内部灯影组两个构造高点，在勘探历程中最先得到关注(图2-16)。威远气田灯影组深度处于3000m以上，在20世纪60年代获得勘探发现；而安岳气田是盆地内部灯影组顶面第二高点，平均深度约5000m，近年来已获得千亿方级别探明储量。因此，四川盆地其他地区灯影组已成为该盆地深层油气勘探的重要目标。

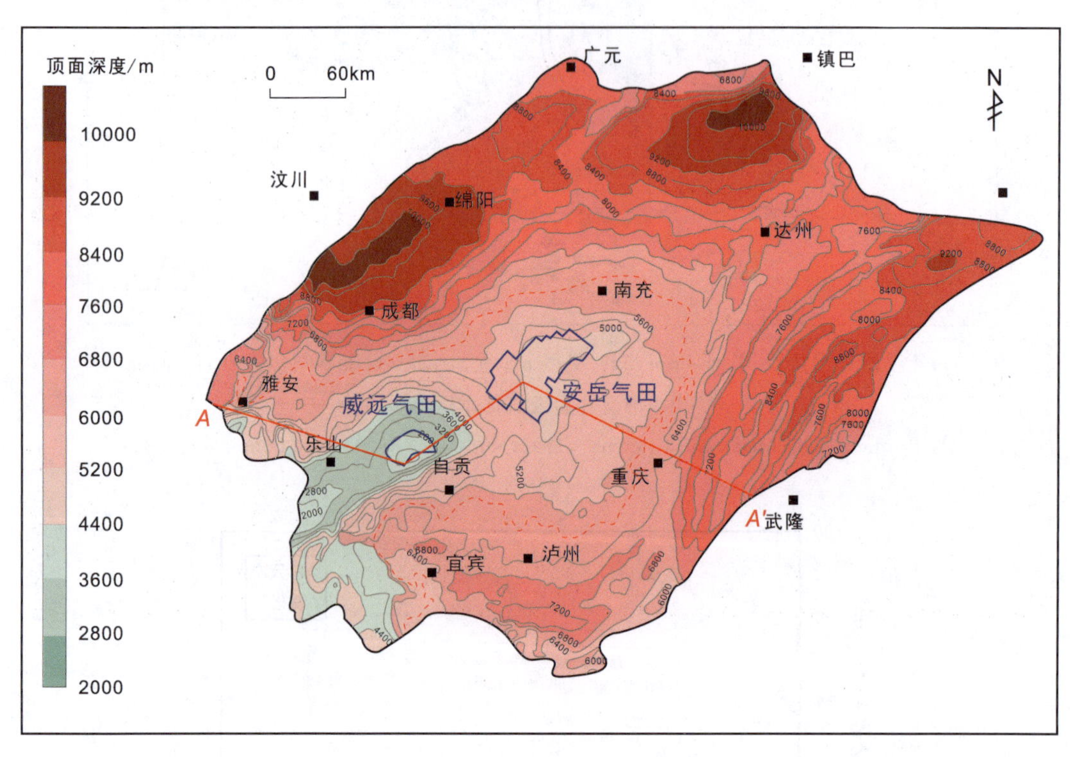

图2-16　四川盆地震旦系灯影组顶面深度与安岳气田地理位置图及顶面构造等值线图

[据Luo等(2018)，A—A′剖面位置见图1-8g]

目前，安岳气田钻井揭示的灯影组储层段主要集中在灯影组四段，储集岩石类型主要为微生物岩，包括叠层石白云岩(图2-17 A—D)、凝块石白云岩(图2-17 E—G)和藻黏结球粒白云岩(图2-17 H—K)。储集空间类型主要为微生物格架孔，即与微生物岩结构相关的组构选择性孔隙或孔洞，还有少量与破裂作用相关的裂缝和角砾孔(图2-17 L)。利用1in(约2.54cm)柱塞样品进行常规物性测试得出的实测孔隙度最高为8%，但叠层状白云岩和凝块状白云岩常发育的厘米尺度孔洞，导致实测物性特别是孔隙度显然偏低，因此真实地层孔隙度肯定高于8%，据目测储层段平均孔隙度达10%。储集岩石类型和储集空间类型共同表明，安岳气田灯影组优质储层的发育分布主要受控于沉积相。

图2-17 四川盆地安岳气田灯影组深层优质白云岩储层储集岩类型

值得注意的是，部分研究人员把藻黏结球粒白云岩视为滩相沉积，把叠层状白云岩和凝块状白云岩视为微生物丘沉积，因而把控制储层发育分布的相类型称为"丘滩复合体"。这一说法与本书所谓"微生物丘"并无实质区别。前人研究表明，灯影组沉积时期真正受波浪作用影响的高能滩分布于四川盆地西侧和鄂湘黔地区(Ding et al.,2021)。安岳气田处于陆表海台地内部，水动力主要由潮汐作用提供，与微生物丘伴生的藻黏结球粒白云岩可能为潮道沉积物而非陆架边缘高能颗粒滩沉积的厚层、无藻黏结结构颗粒岩。

安岳气田灯影组储层微生物岩在沉积之后，先后经历海水、淡水、浅层、中层、中深层埋藏环境，至晚志留世开始抬升至中层埋藏环境，至晚二叠世再次开始埋深，再次经历中层、中深层、深层埋藏环境，最大埋深至8000m，至中晚白垩世再次开始抬升，现今深度为5000～6000m，仍处于深层埋藏环境。不同成岩环境中的折返和可能的热事件，不仅导致了明显两期的原油充注和沥青的形成，还产生了同种成岩现象多期发生的复杂成岩改造历史。本节以两期固体沥青为时间锚点，厘清了安岳气田灯影组四段复杂的成岩序列。

灯影组四段底部隐晶质石英和微生物格架中的粉晶胶结物是同沉积期成岩产物。等厚环边纤状胶结物也是明显的海水成岩产物，局部可见包裹了包含泥微晶基质和粉晶胶结物的微生物凝块，指示其形成晚于粉晶白云石胶结物，前人研究认为其形成可能与暴露地表之后再次没入海水环境有关。可能是由于微生物岩岩化时间早，阻止了浅层埋藏环境中的压实作用，所以无明显的机械压实现象。在兴凯运动期间(约510Ma)，构造破裂作用导致了高角度裂缝和裂纹的形成，部分被白云石脉充填(Su et al.，2022)。水平方向缝合线切过早期白云石脉并导致明显错位，指示了中层埋藏环境下地层压力诱发的压溶作用发生于裂缝形成之后。这期埋藏压溶作用并未导致明显的碳酸盐胶结物充填孔隙，证据为第一期固体沥青多直接覆盖于早期等厚环边纤状胶结物之上，形成一层沥青膜(图2－18 E、F)。部分样品中还可见早期等厚环边纤状胶结物最外层有微小溶孔并充填沥青，在早期等厚环边胶结物的外缘形成一层因富含沥青包体而晶面浑浊的标志性层，指示了与第一期原油充注相关的埋藏溶蚀(图2－18 B、G)。在固体沥青膜之上常见等轴粒状细中晶白云石胶结物，阴极发光下呈现明暗环带交替特征，据U－Pb年龄其成因可能与加里东构造运动有关(Su et al.，2022)。构造应力可能还诱发了第二期压溶作用，其典型产物为垂直方向缝合线，切过先期白云石脉、第一期沥青膜、早期裂纹，被压溶的白云岩可能提供了等轴粒状细中晶白云石胶结物沉淀所需的溶质。

晚二叠世，峨眉山玄武岩事件导致最后一期白云石胶结物，其特征为鞍形，雾心亮边且亮边为均匀红色明亮阴极发光，充填于孔洞中央，量少。鞍形白云石之后，孔洞中央再次被显晶质石英充填，并部分交代围岩基质。残余孔洞中央可见球状和块状固体沥青，暗示了第二期原油充注和裂解(图2－18 B、E、G)。

在长约550Ma的成岩改造和孔隙演化过程中，沉积形成的原生微生物格架孔是成岩阶段几乎所有孔隙改造作用的基础，浅层埋藏环境构造破裂作用形成了少量裂缝和角砾孔。海水和淡水成岩环境发生的矿物稳定化、环边胶结物和白云岩化作用虽充填了部分孔隙，但在非常早期为储层提供了刚性格架，减弱了机械压实的影响。在有限的钻井取芯段内，观察到第一期压溶产生的缝合线，但未见相关胶结物，说明中层埋藏环境压溶产生的溶质可能进行了远距离迁移。第二期压溶作用由构造应力诱发，相关白云石胶结物充填了大量先前孔隙。晚二叠世热流体活动对灯影组储层孔隙的改造效应以中粗晶鞍形白云石胶结物的沉淀为主要特征，但分布范围和充填量非常有限。中深层—深层埋藏环境发生了两期原油充注，原油裂解形成的固体沥青占据了部分孔隙。与第一期原油充注相关的埋藏溶蚀确有发生，但对储集空间的增加非常有限；与第二期原油充注相关的石英胶结作用充填了部分孔隙。整体而言，埋藏成岩环境的改造效应以多期白云石胶结和固体沥青对储层的破坏为主，但原

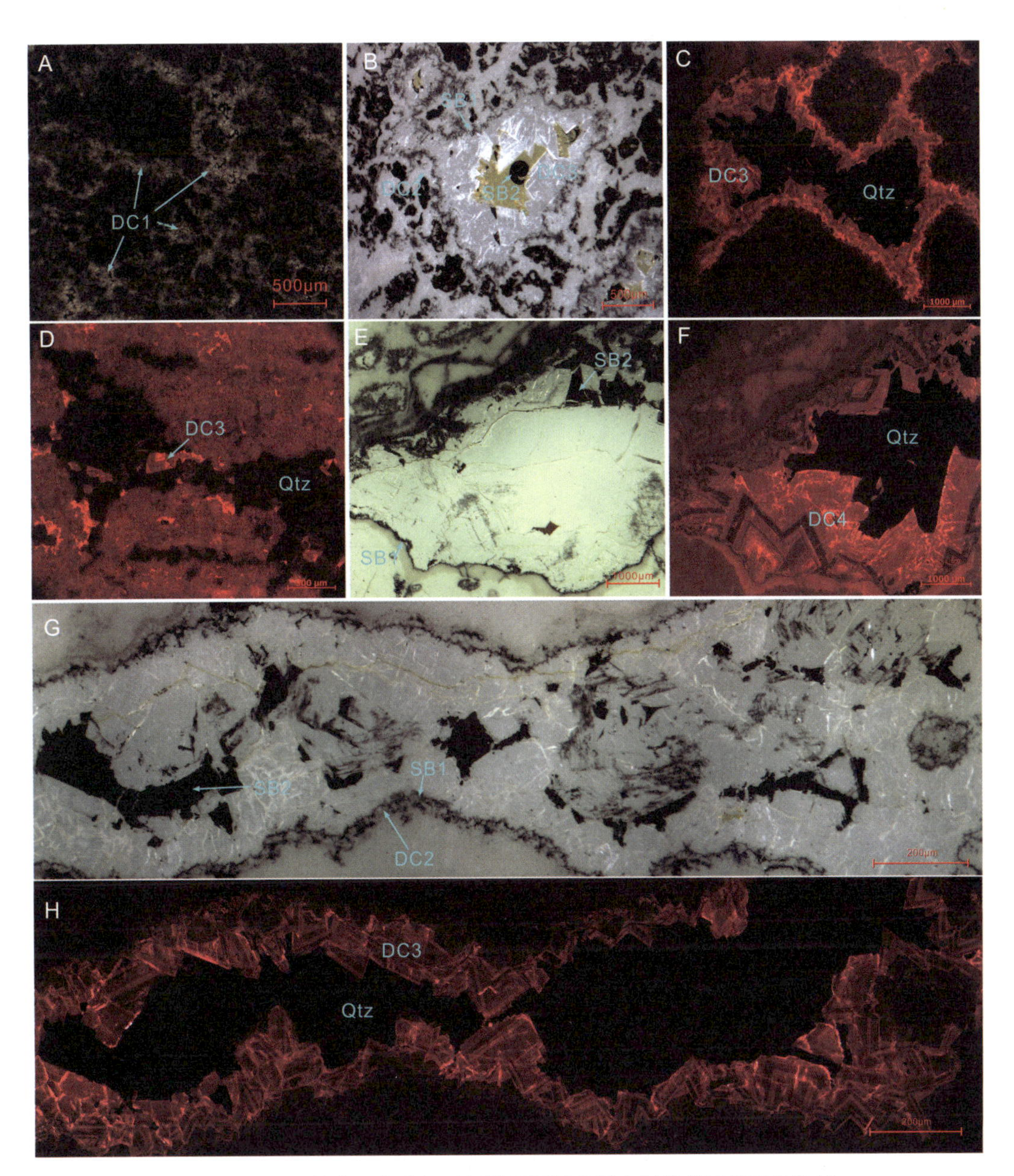

图 2-18 四川盆地安岳气田灯影组深层优质白云岩储层岩石学特征

注:DC1 为早期粉晶白云石胶结物;DC2 为皮壳状白云石胶结物;DC3 为粉细晶环边白云石胶结物;DC4 为中粗晶白云石胶结物、偶见鞍状;SB1 为第一次原油充注之后形成的沥青,常见为一层沥青膜覆盖于孔洞边缘,伴生针对 DC2 和 DC3 的埋藏溶蚀,溶蚀流体可能为有机酸流体;SB2 为第二次原油充注之后形成的沥青,常见为块状和球状沥青颗粒出现在孔洞中央;Qtz 为石英,常见充填于孔洞中央并交代 DC4。

生微生物格架孔的异常发育和海水与淡水成岩环境微生物岩快速岩化保证了现今优质储层的发育(图 2-19)。

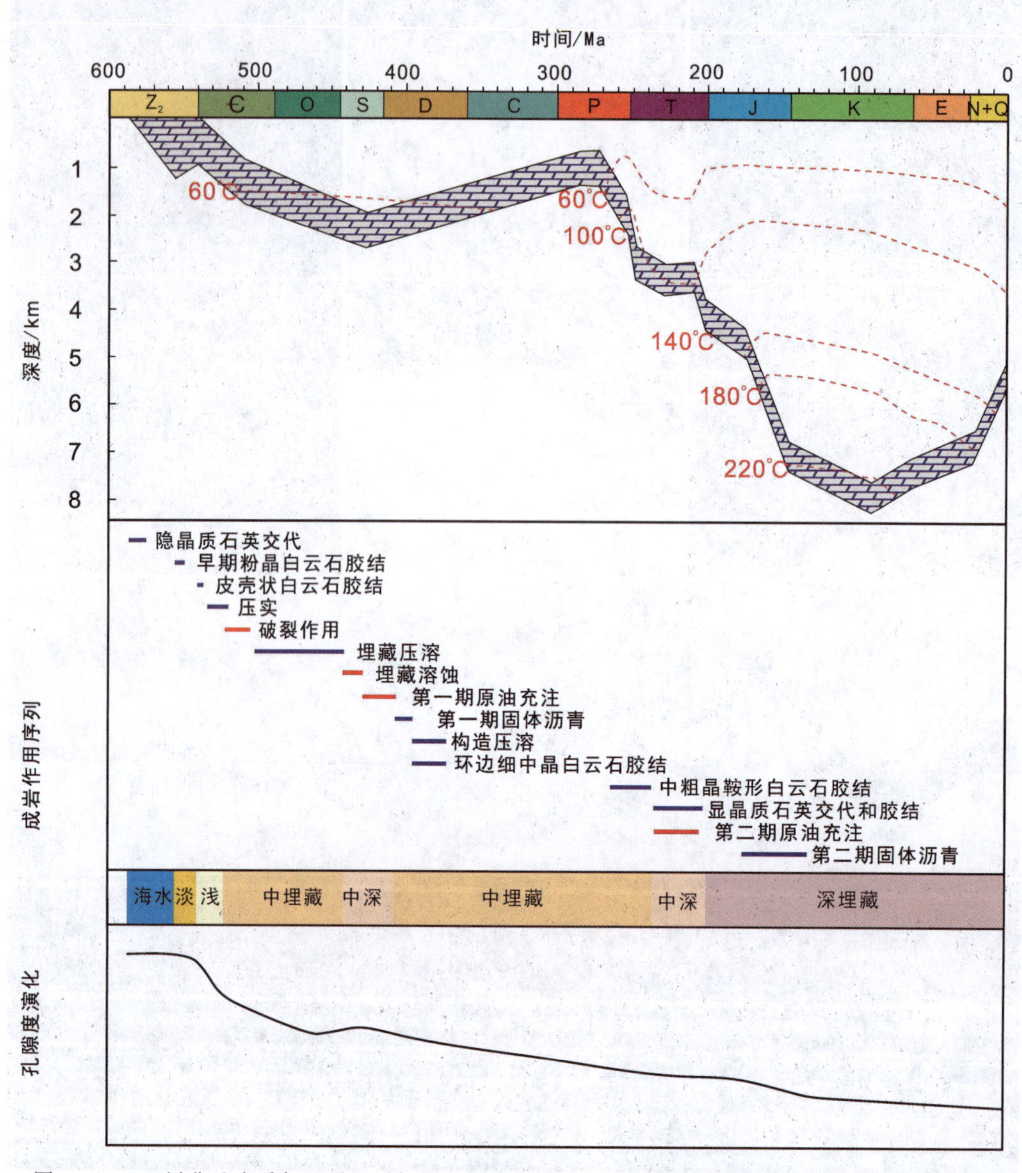

图 2-19　四川盆地安岳气田震旦系灯影组深层优质白云岩储层埋藏史、成岩序列和孔隙演化史

注:其中埋藏史据 Liu 等(2018)修改。

(二)四川盆地川西气田雷口坡组白云岩储层

川西气田由3个含气构造组成,分别为新场构造、金马-鸭子河构造和石羊场构造。优质白云岩储层主要位于雷口坡组四段上部,在新场构造储层埋深超过5000m,在金马-鸭子河构造和石羊场构造储层埋深超过6000m(图2-20)。雷口坡组平均孔隙度约为3.5%,储层段最高孔隙度达15%、总厚度30~60m,于2015年提交天然气控制储量达1086亿m^3,是典型的深层优质白云岩储层(李宏涛等,2017;高恒逸等,2021)。

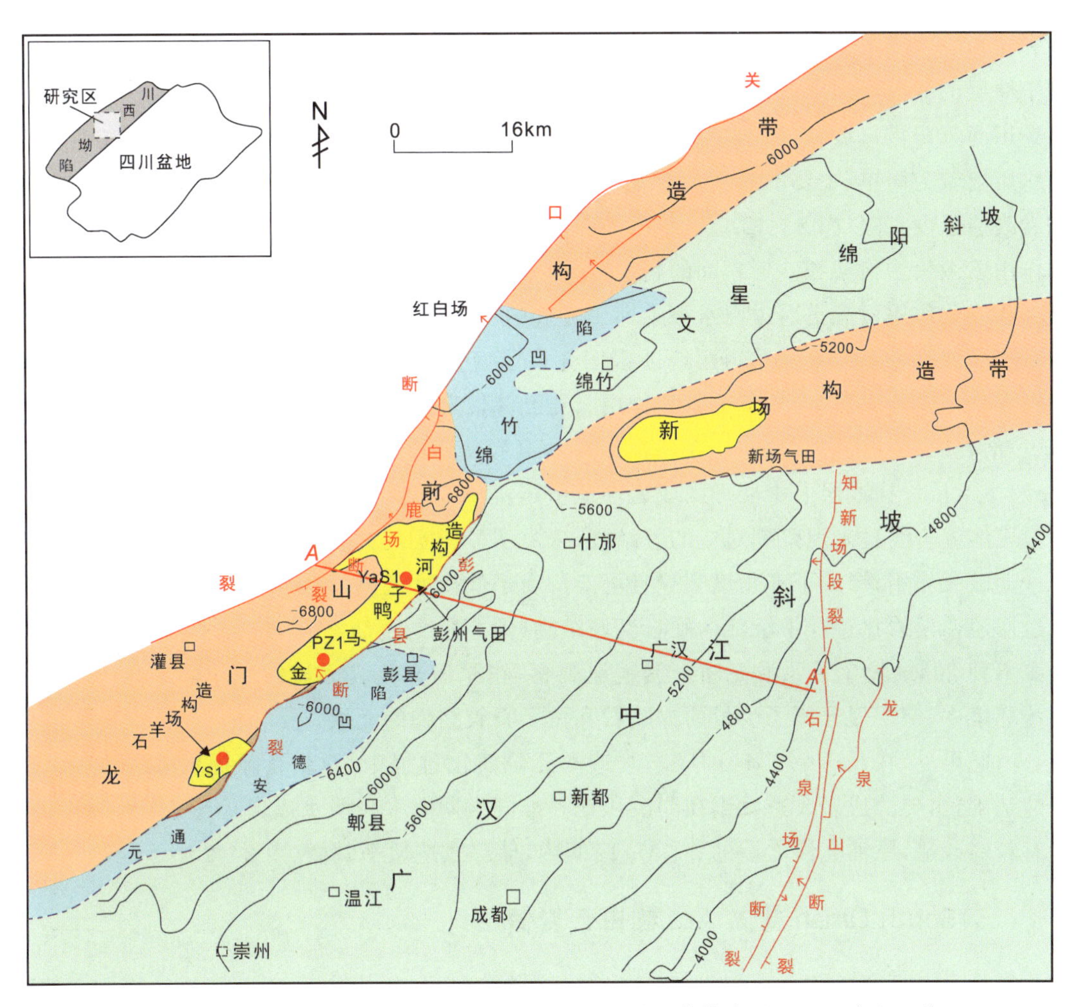

图2-20 四川盆地川西气田雷口坡组深层优质白云岩储层等值线图(m)(据李书兵等,2016)

(A—A′剖面位置见图1-8 h)

川西气田钻井揭示的储层段主要分布在雷口坡组四段，储层储集岩类型主要为浅水碳酸盐砂屑滩和滩后潟湖环境沉积的微生物白云岩、砂屑白云岩与晶粒状白云岩。其中微生物岩结构包括叠层状、凝块状和过渡类型的凝块叠层状，晶粒白云岩中白云石主要为微粉晶自形—半自形白云石，其成因可能是原始沉积的砂屑灰岩在渗透回流白云岩化过程中原始沉积组构被破坏（王浩，2018）。储层孔隙类型为以上 3 种结构的微生物白云岩中具有组构选择性的微生物格架孔、砂屑白云岩中的粒间孔和晶粒状白云岩中的晶间孔（郝哲敏等，2020；高恒逸等，2021）。雷口坡组四段部分层段还发育云质灰岩和灰岩，但完全不发育孔隙。从储层岩石类型和孔隙类型可以判断，川西气田雷口坡组储层的发育主要受控于沉积相和白云岩化作用（图 2－21）。后期成岩改造在原生组构选择性孔隙和晶间孔的基础上增加了储层的非均质性。

川西气田雷口坡组白云岩最大埋深达 7000～8000m，但最高地层温度仅 150℃。成岩演化历史较为简单，主要的成岩改造发生在早期海水、淡水、浅层埋藏成岩环境，后续的埋藏成岩改造强度有限（图 2－22）。海水成岩环境主要发生胶结作用和白云岩化作用。其中胶结作用以微生物格架和砂屑粒间的粉晶胶结物为主要特征，充填了大量原生微生物格架孔；而白云岩化作用可能是通过卤水渗透回流完成的，它一方面破坏了原始沉积结构，另一方面有利于储层的保存。通过对川西地区雷四 3 亚段微生物碳酸盐岩储层的统计，发现储层段均为白云岩，物性测试分析显示微生物白云岩孔渗性普遍较好，且储集性能要优于微生物灰岩（王浩，2018）。淡水淋滤作用在向上变浅的高频旋回顶部产生了少量铸模孔（李宏涛等，2017）。本层段在浅层—中层埋藏成岩环境中压实和压溶作用强度可能非常有限，仅观察到少量压溶缝合线且未观察到对应的胶结物，未见明显压实现象；在压实和压溶作用之前发生了一期破裂作用，形成了高角度裂缝且可能沟通了低盐度流体，造成了去白云岩化并溶解了渗透回流白云岩化过程中沉淀的硬石膏胶结物（图 2－22；王浩，2018）。晚三叠世，距离储层埋藏不到 20Ma 发生了原油充注。据镜下观察，在原油充注之后持续至今的中深层—深层埋藏环境中，储层仅经历了少量的方解石和白云石胶结物的充填。

由此可见，在长达 230Ma 的成岩改造和孔隙演化过程中，原生孔隙提供了后续成岩改造的基础，主要的成岩改造发生在同沉积期和准同生期海水和淡水成岩环境中，浅层埋藏环境有较弱改造，原油充注之后的 200Ma 时间内，储层改造微乎其微（图 2－23）。

（三）South Oman 盐盆 Ara 群白云岩储层

震旦系—下寒武统 Ara 群是 South Oman 盐盆、Fahud 盐盆和 Ghaba 盐盆的标志性沉积地层（图 2－24），以盆地边缘巨厚碳酸盐岩向盆地内部快速转变为巨厚盐体中分隔开的富含沥青和稠油的微生物白云岩“串状体”储层为主要特征（Cozzi et al.，2012）。在 South Oman 盐盆，Ara 群白云岩“串状体”储层的埋深范围为 4500～5000m，其勘探成功预示了 Fahud 盐盆和 Ghaba 盐盆更大埋深的 Ara 群（埋深分别为 5000～7000m 和 7000～10 000m）的油气潜力（Peters et al.，2003）。

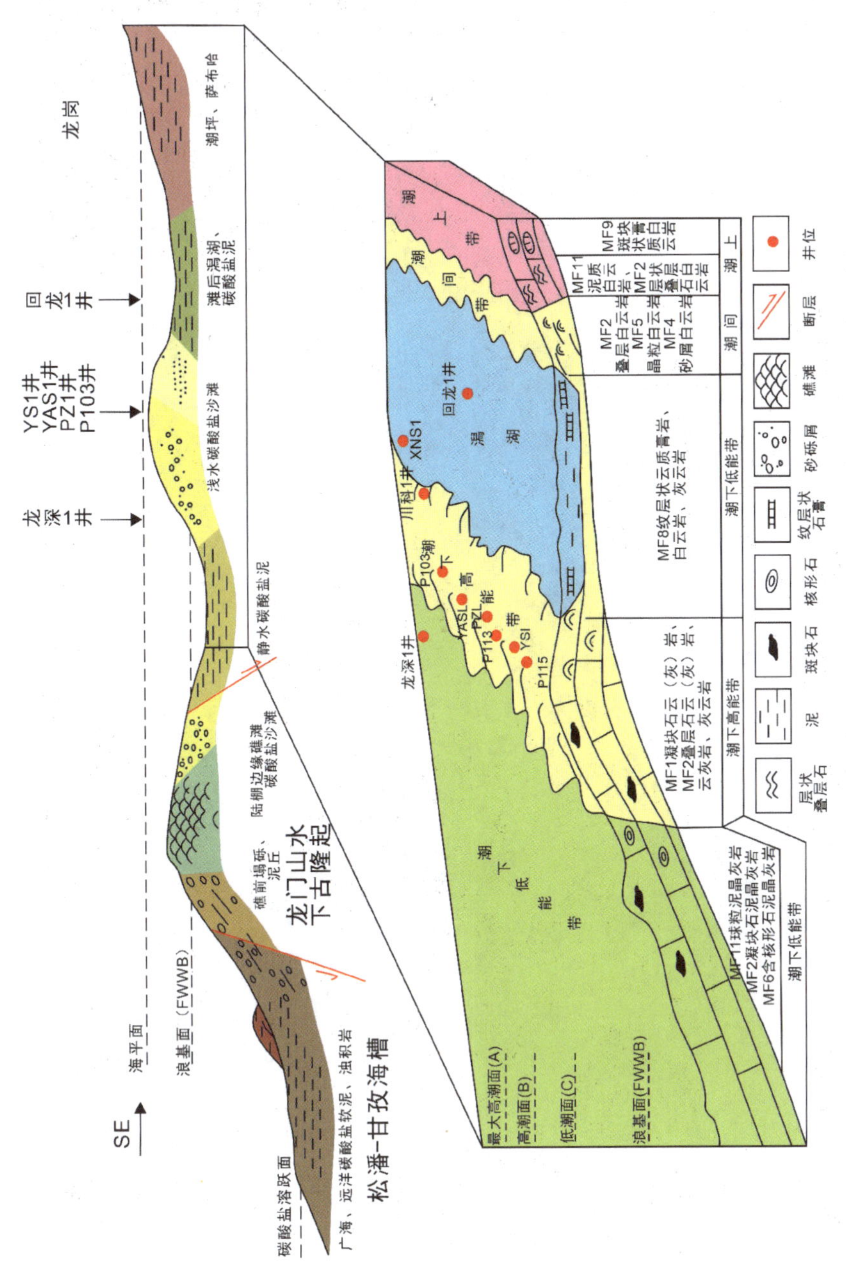

图 2-21 四川盆地川西气田雷口坡组深层优质白云岩储层沉积相模式（据王浩，2018）

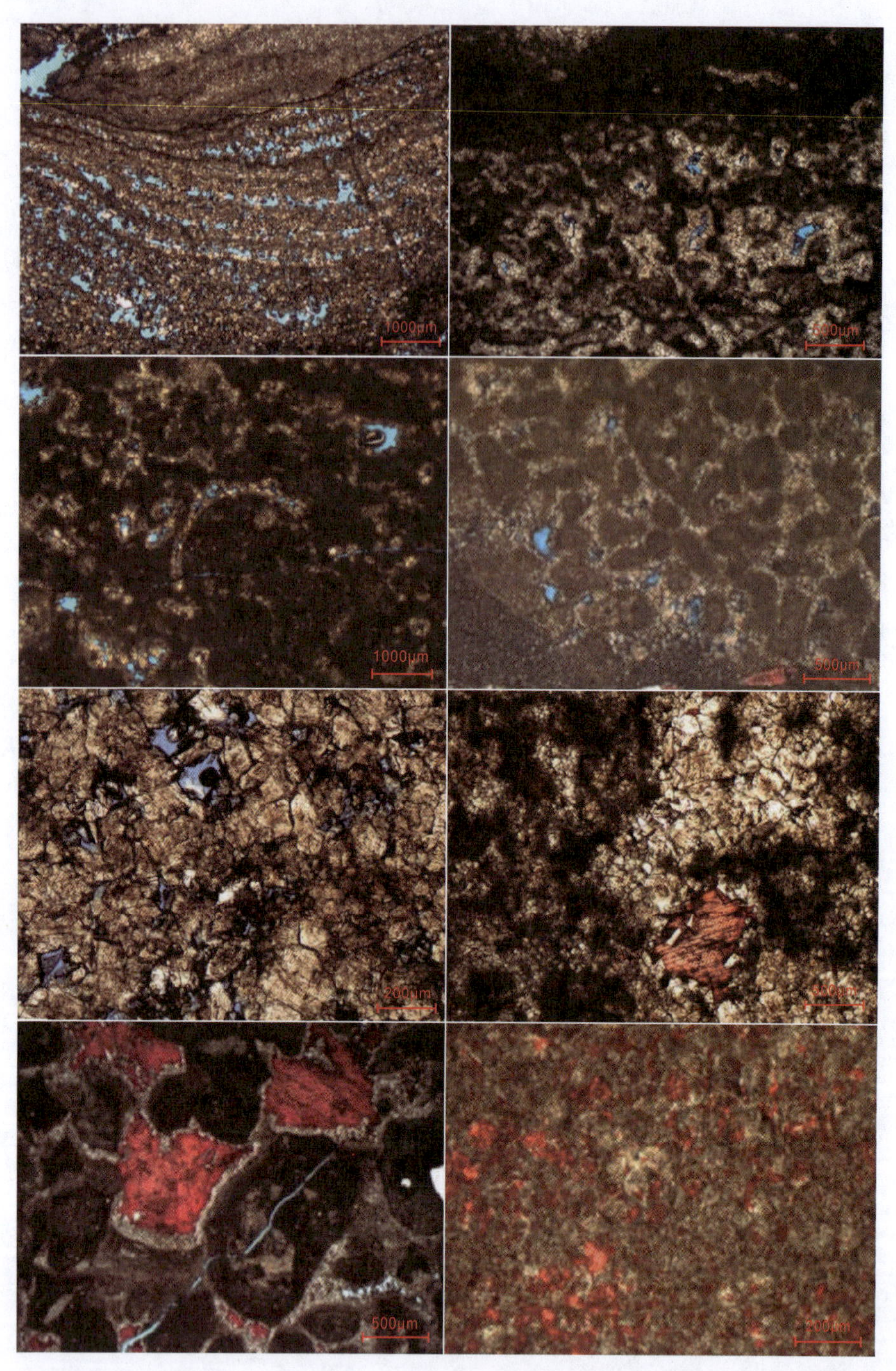

图 2-22　四川盆地川西气田中二叠统雷口坡组深层优质白云岩储层岩石学特征
（据王浩，2018 修改）

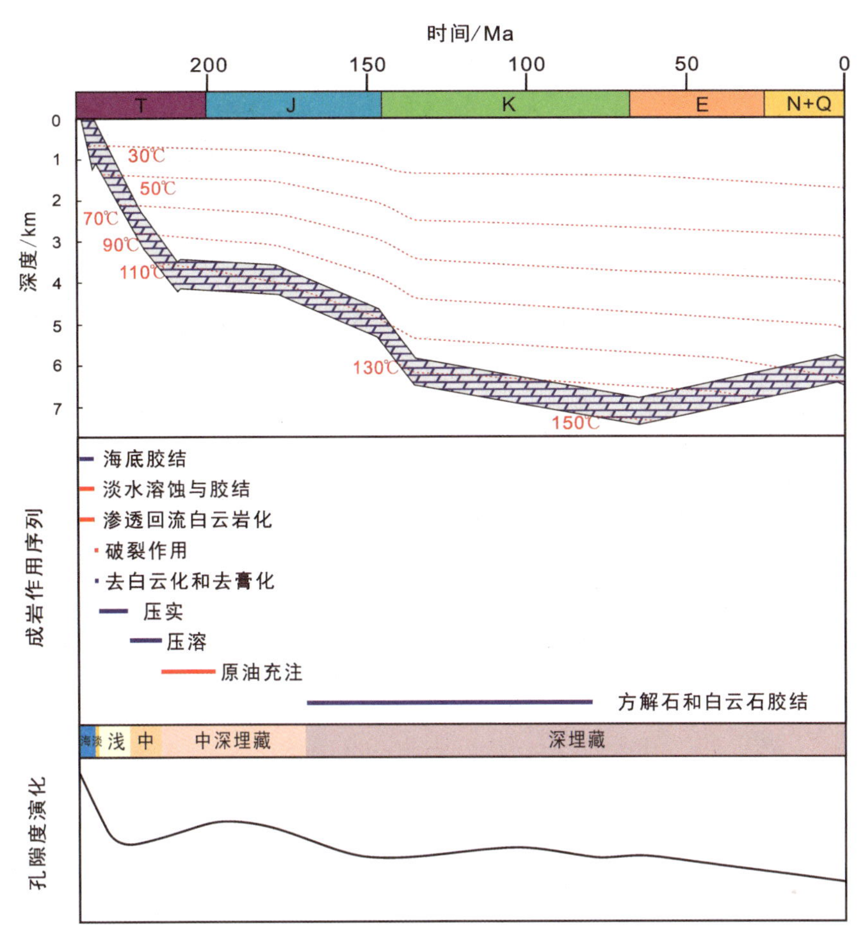

图 2-23 四川盆地川西气田中二叠统雷口坡组四段深层优质白云岩储层埋藏史、成岩序列和孔隙演化历史

（埋藏史据孟宪武等，2021；成岩序列和孔隙演化历史据陈迎宾等，2021）

Ara 群优质白云岩储层的发育和分布首先受沉积相控制，主要分布在高能的浅缓坡相和临近的潮坪相。储集岩类型主要为浅缓坡相凝块状微生物白云岩和潮缘带各种颗粒白云岩，原生孔隙类型主要为微生物格架孔和颗粒粒间孔。原生孔隙度最高的主要为凝块状白云岩，其次为交错层理颗粒白云岩、丘状层理颗粒白云岩、扁平砾屑白云岩、鲕粒-内碎屑白云岩和生屑白云岩（Grotzinger and Al-Rawahi，2014）。

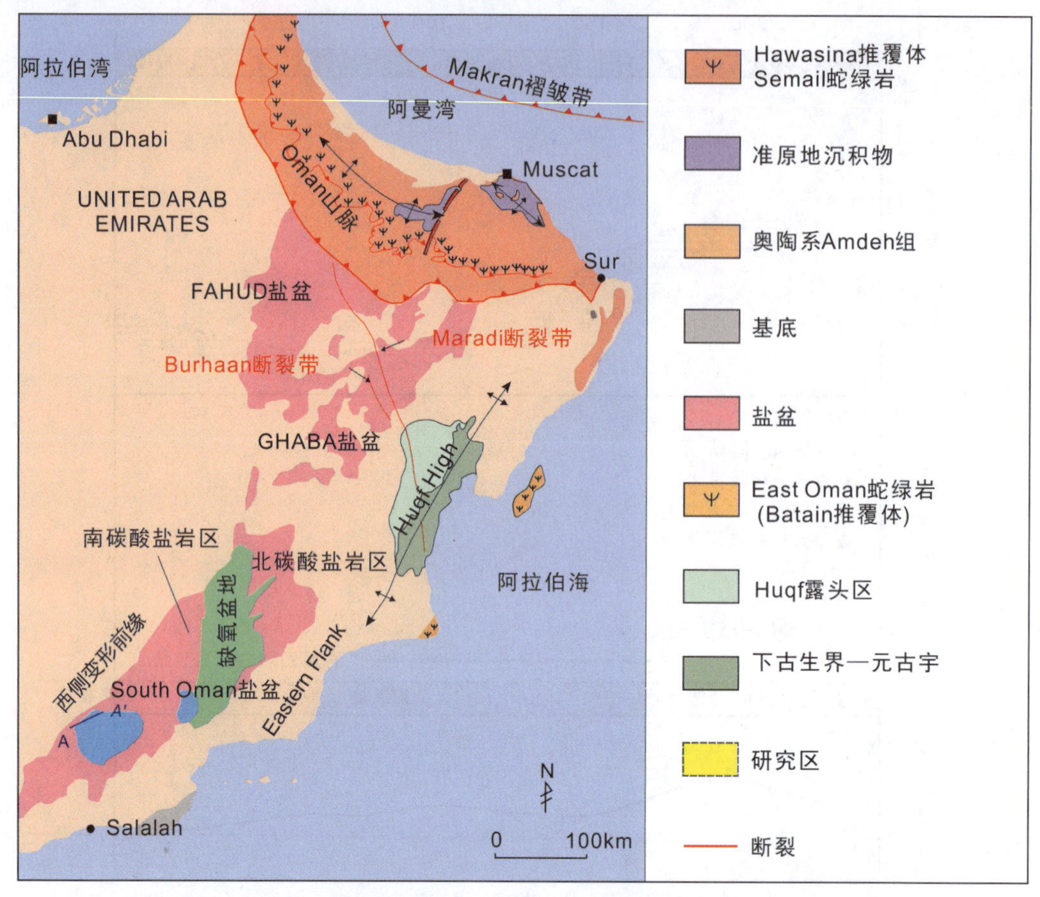

图 2-24　阿曼内陆地区深层以 Ara 群为优质白云岩储层的众盐盆分布图

（据 Smodej et al.,2019）

注：A—A′剖面位置见图 1-8e。

具有优质原始孔渗条件的浅水高能沉积物，往往成为后续成岩流体通道。通常情况下，蒸发岩直接覆盖的原生高渗透性碳酸盐岩中孔隙几乎完全被石盐和白云石胶结物堵塞，向下白云石和石盐胶结物含量逐渐降低，而硬石膏胶结物的含量在单个高能沉积层序的顶部缺失，而在层序的底部对原生孔隙进行剧烈充填（Schoenherr et al.,2009）。这种海源胶结物的分布模式与全球渗透回流成因白云岩和反应输运模型预测结果完全一致（Jones and Xiao,2005）。这表明储层的发育和分布还受控于高盐度海水渗透回流作用。

同生期海水成岩环境，微生物活动直接导致泥晶化作用（图 2-25A），并诱导白云石成核；随后的海水胶结作用在颗粒边缘和微生物格架中形成了普遍的等厚环边胶结物；渗透回流白云岩化作用从同沉积近地表环境持续到浅层埋藏环境，大规模渗透回流白云岩化发生在同生期，而白云石、硬石膏和石盐的胶结作用持续到了浅层埋藏成岩环境（图 2-25 B—D,

Becker et al.,2019)。局部地区孔洞的产状暗示储层可能经历了淡水成岩环境(Grotzinger and Al－Rawahi,2014)。在浅层—中层埋藏环境中,灰岩由于显著的压实压溶作用和相关的方解石胶结作用而转变成为非储层段,白云岩段压实压溶作用不明显,但明显充填了来自灰岩段压溶的方解石胶结物(图 2－25 F—G,Becker et al.,2019)。中深层—深层埋藏成岩环境,盐构造作用已经完成了对白云岩层的包围和分隔,使其成为一个自生自储自封盖的封闭系统,伴随原油充注和脱沥青质作用,发生了一系列无机矿物(白云石、石盐、硬石膏、草酸钙)的溶解、沉淀,晚期压力降低导致脱沥青质作用形成(图 2－25 H—I,Schoenherr et al.,2009)。

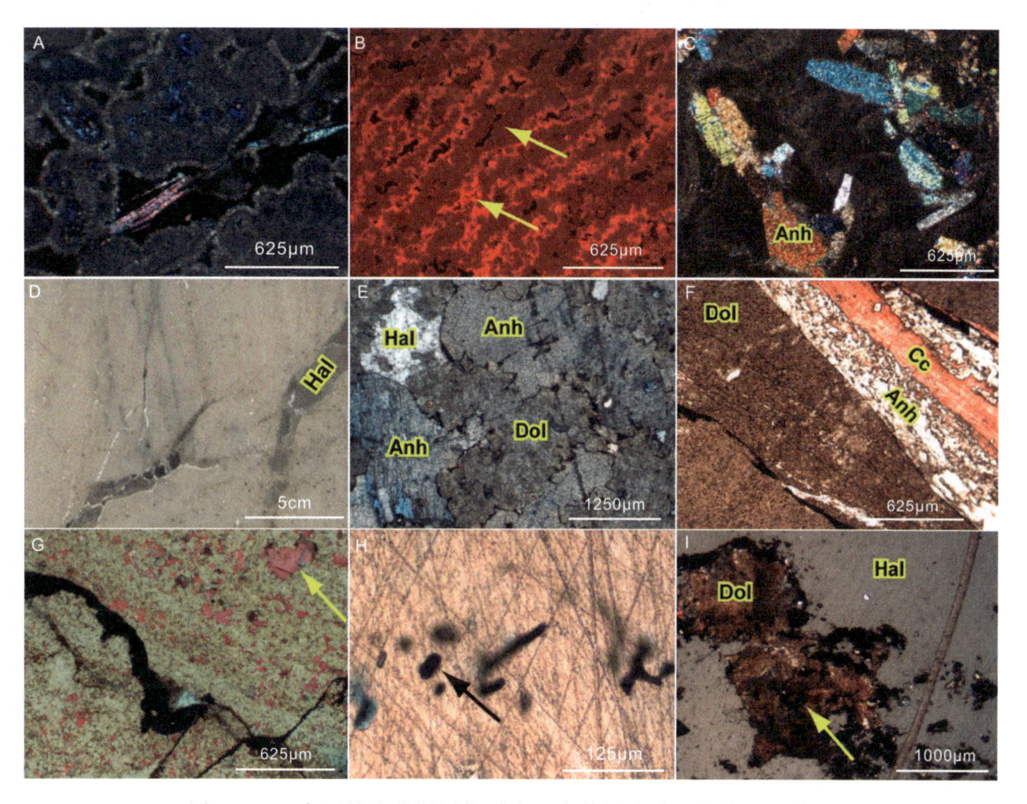

图 2－25 南阿曼盐盆深层优质白云岩储层成岩组构岩石学特征

注:Anh. 硬石膏;Hal. 石盐;Dol. 白云石;Cc. 方解石胶结物;岩石样品来自 Harweel 地区 Ara 群 A2C 段(据 Becker et al.,2019)。

在长达 540Ma 的成岩改造和孔隙演化过程中,主要的成岩改造发生在前 20Ma 所处的海水-淡水和浅层埋藏成岩环境(图 2－26)。其中在近地表的海水和淡水成岩环境中泥晶化作用、海水胶结物和可能的淡水成因孔洞对储层改造强度非常有限;而在浅层埋藏环境中高盐度海水渗透回流过程中发生的各类矿物胶结作用对储层的影响最大,据统计卤水回流导致的白云石、硬石膏、石盐胶结物分别占全岩体积的 4.1%、3.0%和 1.5%,合计 8.6%(Becker et al.,2019)。在长达520Ma的中深层—深层埋藏成岩环境中,主要的成岩改造类型为脱沥青作用产生的固体沥青充填,占全岩体积的1.8%(Becker et al.,2019),其他中深层—深层埋藏成岩改造类型包括有机酸溶蚀、石盐的溶解和再沉淀(Schoenherr et al.,2009),但由于成岩系统的封闭性,溶解和沉淀作用大多只是对原储层物质和储集空间的局部调整(Becker et al.,2019)。而中层埋藏成岩环境下,压溶成因的方解石胶结物对储层的破坏作用较弱,方解石胶结物含量只占全岩0.6%(Becker et al.,2019)。

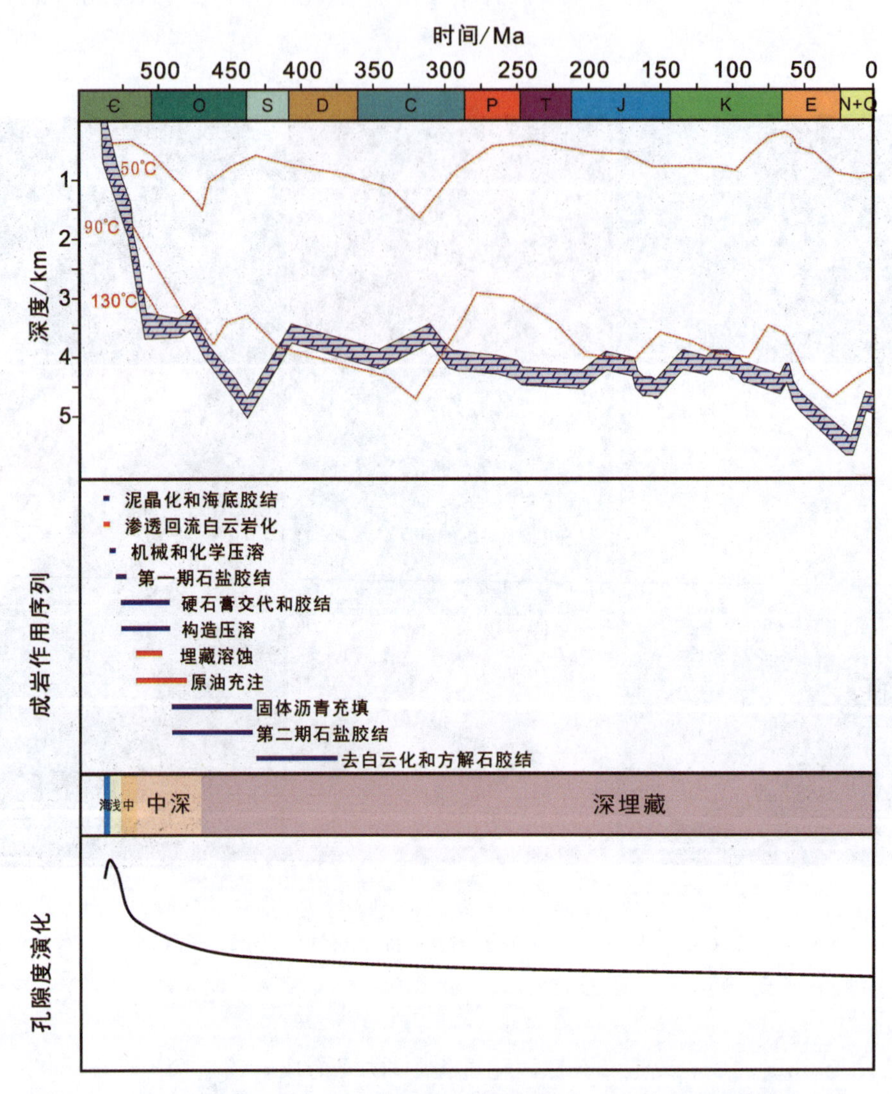

图2-26 南阿曼盐盆Ara群优质白云岩储层埋藏史、成岩序列和孔隙演化历史

(据Schoenherr et al.,2009;Becker et al.,2019)

三、撞击事件相关碎屑流储层

墨西哥 Sureste 盆地上白垩统角砾白云岩已经被证实属于白垩纪末 Chicxulub 陨石撞击事件的直接沉积产物，陨石撞击坑物质被直接溅射或被海啸搬运至斜坡带再次沉积，或撞击诱发地震导致台地边缘白云岩破碎坍塌、再沉积(图 2－27，Grajales－Nishimura et al.，2000)。目前在墨西哥东南近海发现的 Cantarell 和 Ku－Maloob－Zaap 巨型油田，均以该地层为储层(Weimer et al.，2017)。其中 Cantarell 油田已探明储量 300 亿桶原油和 4248 亿 m^3 天然气，日产油 130 万桶，下白垩统角砾白云岩储层贡献了其中的 70%以上，该储层现今埋深 4000～5000m，孔隙度为 10%～20%(Reimold et al.，2005)。

储层段岩石类型为角砾白云岩和角砾灰岩，角砾内部为不同类型的碳酸盐岩台地沉积物，储集空间类型主要为砾间孔、晶间孔、溶孔和裂缝，平均孔隙度为 10%，渗透率高达 $7000\times10^{-3}\mu m^2$(图 2－28，Murillo－Muñetón et al.，2002；周浩玮等，2017)。储层的分布局限于 Chicxulub 撞击相关的事件沉积岩段，储集岩石类型和储集空间类型均与角砾化作用紧密相关，指示了储层的发育具有明显相控性。

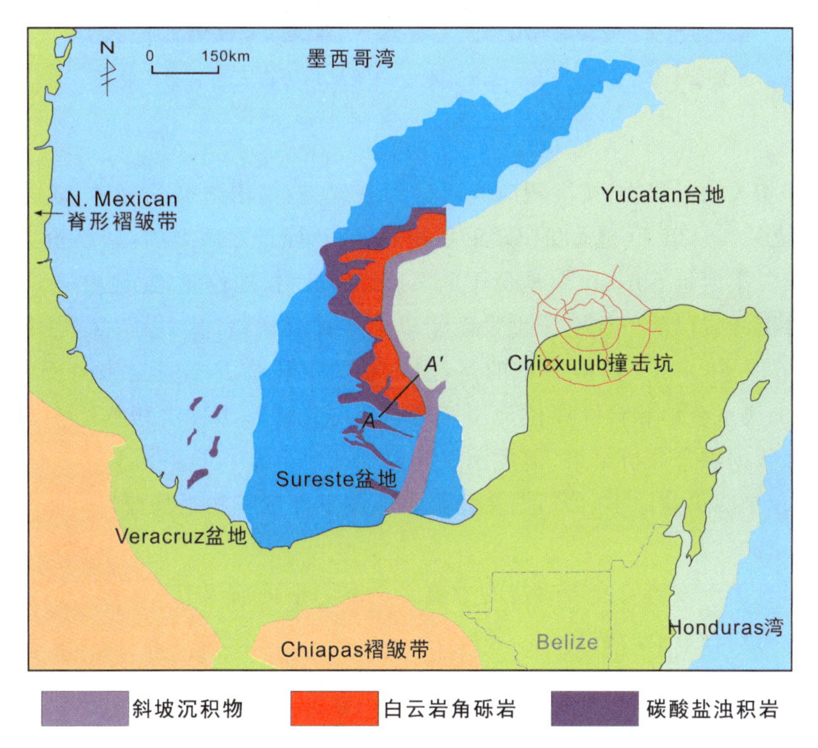

图 2－27 墨西哥 Sureste 盆地深层上白垩统角砾白云岩储层分布特征

(据 Sanford et al.，2016；孔国英等，2017；周浩玮等，2017；Davison et al.，2022)

注：$A—A'$剖面位置见图 1－8f。

图 2-28 墨西哥 Sureste 盆地上白垩统角砾白云岩岩石学特征
(Murillo-Muñetón et al.,2002)

撞击事件相关的沉积物,按沉积时间可分为三大类:撞击之后几分钟,地震诱发的碎屑流沉积;撞击之后 1~2h,巨型海啸驱动的浊积岩沉积;撞击之后 2 周,悬浮粉尘和喷射物沉降为斑脱岩层。墨西哥 Sureste 盆地位于陆架边缘斜坡-盆地位置,盆地内的 Cantarell 油田下白垩统事件沉积岩段从下往上分别发育了以上 3 种沉积物,其中具有储层潜力的粗砾白云岩段厚度为 50~300m。值得注意的是,撞击相关沉积物并不完全来自 Chicxulub 撞击坑,地震导致的浅水台地和台缘原位地层垮塌与角砾化才是事件沉积物的主要来源。据地球物理和钻井数据综合分析结果,地震诱发的碎屑流和巨浪将这些沉积物搬运至整个墨西哥湾盆地(面积是四川盆地 10 倍),据估算全盆地该事件沉积物平均厚度为 72m(图 2-29,Sanford et al.,2016)。

目前暂未见关于该储层成岩改造的中英文文献。根据前人有限的岩石学描述,白云石和溶孔的成因有两种可能的解释。一种解释为白云岩化和溶蚀作用发生于撞击之前 Yucatan 台地浅水环境,之后白云岩被角砾化、搬运至斜坡带,理由是 Yucatan 台地之上同地层原位白云岩和岩溶现象大量存在(Davison et al.,2020)。另一种解释为白云岩化和溶蚀作用发生在角砾沉积之后,证据是 Cantarell 油田钻井资料揭示了撞击相关沉积层段自上而下白云岩化程度和孔洞孔隙度逐渐降低,指示了白云岩化和溶蚀流体可能来自上部,顶部致密封盖层段的沉积终止了白云岩化和溶蚀作用,导致了下部灰岩角砾岩未被白云岩化且溶孔不

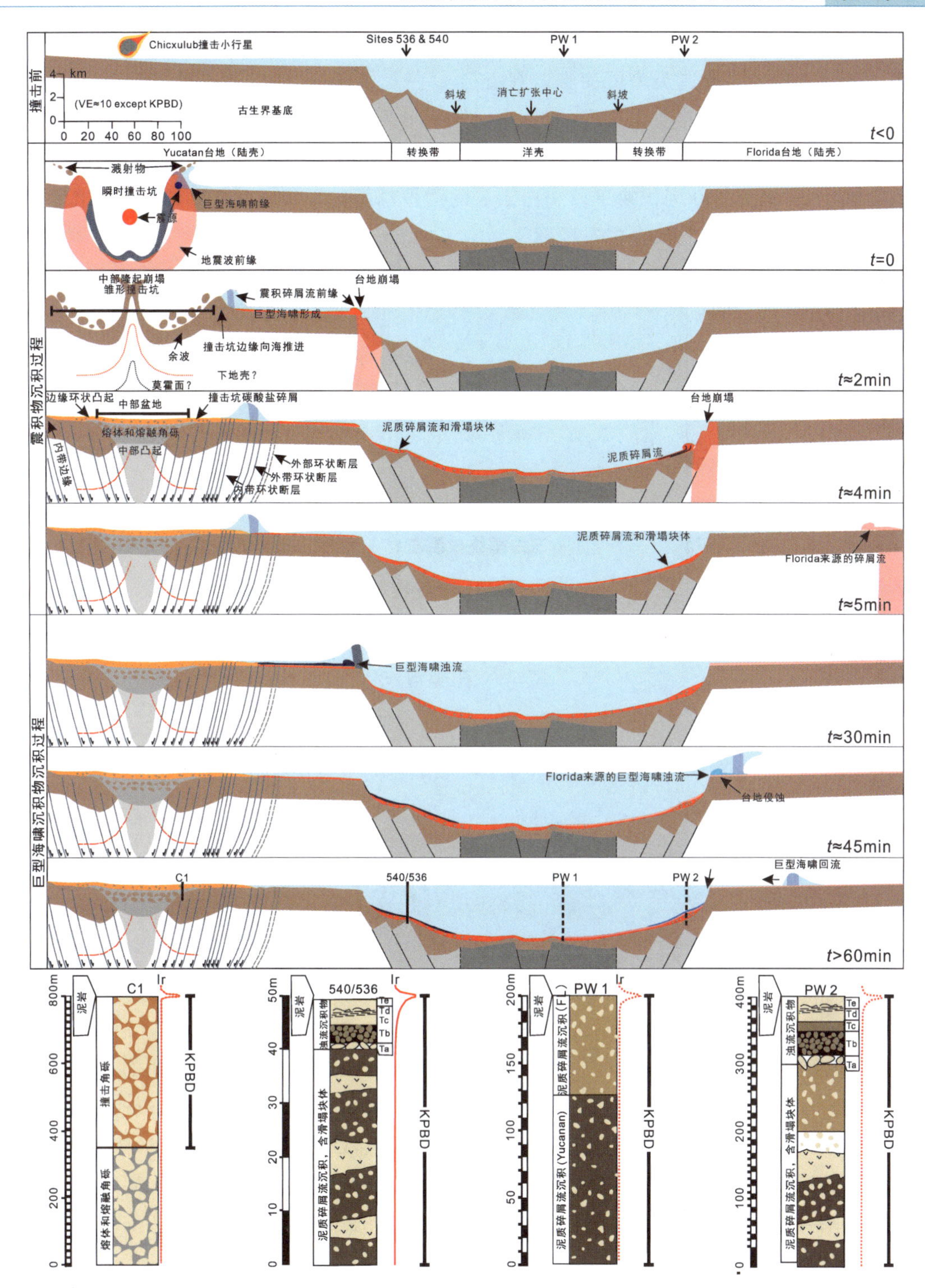

图 2－29　墨西哥 Sureste 盆地深层上白垩统角砾白云岩沉积模式

（Sanford et al.，2016）

发育(Grajales-Nishimura et al.,2000)。两种解释均指向白云岩和溶孔形成于早期近地表环境。关于其他成岩改造类型更加难以判断。

无论成岩改造和孔隙演化过程如何,白云岩化作用毫无疑问是一种重要的成岩改造类型。钻井资料揭示该储层岩性包括灰岩和白云岩,但如同礁滩相相控型储层和微生物丘相控型储层,下白垩统角砾沉积物层段中白云岩的物性总是优于灰岩(图2-30)。这暗示了白云岩化对深部储层形成和保存的重要意义。

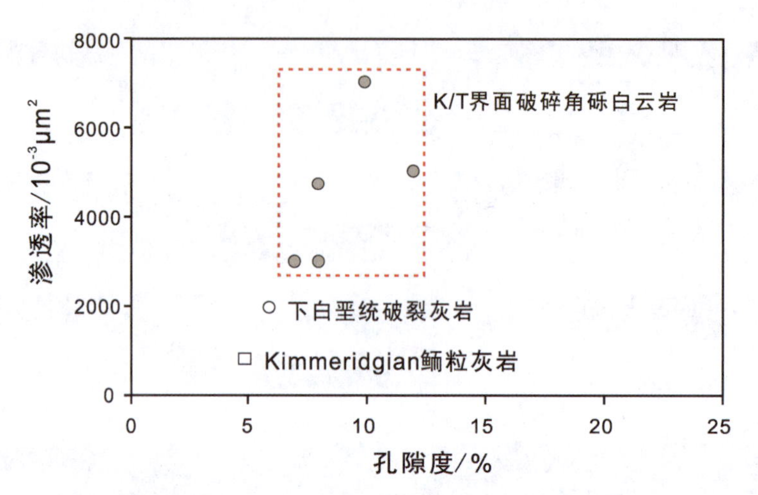

图2-30 墨西哥Sureste盆地Cantarell油田不同产油层孔隙度和渗透率散点图(数据源于Murillo-Muñetón et al.,2002)

第二节 表生岩溶控制型优质白云岩储层

与表生岩溶相关的垮塌角砾岩和洞穴系统在地质记录中都是非常重要的储层,形成了众多的大油气田,据估计全球有20%~30%的可采储量与岩溶储层有关(Fritz et al.,1993)。典型的喀斯特控制的储层包括Texas州—Oklahoma州—Alabama州的Ellenburger群、Arbuckle群和Knox群,Texas州西部志留系—泥盆系和二叠系San Andres组,Wyoming州和Montana州Williston盆地石炭系Madison组,西班牙Valencia海湾侏罗系,墨西哥黄金巷油田白垩系El Abra组,阿联酋迪拜地区Fateh油田白垩系,中国渤海湾盆地任丘油田奥陶系,四川盆地威远气田震旦系灯影组,鄂尔多斯盆地奥陶系马家沟组和塔里木盆地塔河、轮古油田中下奥陶统。以上大多数表生岩溶储层为灰岩或浅层储层,仅美国Anadarko盆地Arbuckle群和Delaware盆地Ellenburger群属于深层白云岩储层。

Arbuckle群和Ellenburger群是晚寒武世—早中奥陶世"大北美碳酸盐滩"上Sauk Ⅲ超层序同期异相沉积地层,表生岩溶发生于Sauk Ⅲ超层序顶部,形成了几乎遍布整个北美的不整合面(Derby et al. ,2012)。本节重点阐述二者的储层特征和主控因素,并在后续章节讨论其形成与保存机理和储层发育模式。

(一)Anadarko 盆地 Arbuckle 群白云岩储层

Anadarko 盆地是一个勘探程度较高的大型古老叠合盆地,其古生界明显分为两个地层系统,均蕴含丰富的油气资源。在整个 Anadarko 盆地,钻井密度为 0.7km²/口,浅层上部系统中已经开采出大量原油和天然气,深层钻井很少,钻遇 Arbuckle 群的钻井密度只有 70km²/口。深层含油气构造主要位于 Wichita 山脉以北前陆地区的 Anadarko 盆地南部(图 2-31)。该地区发育多套储层,包括寒武系 Reagan 砂岩、寒武系—奥陶系 Arbuckle 群白云岩、中上奥陶统 Simpson 群砂岩,上奥陶统 Viola 组灰岩、志留系 Hunton 群碳酸盐岩(Henry and Hester,1988)。其中 Hunton 群是本区域最重要的产油层,相比之下在本区域 Arbuckle 群可能受限于与烃源岩的距离和钻井数,油气产能并不出色,但在 Anadarko 盆地其他区域,Arbuckle 群的优质储层物性和巨大产能暗示其巨大储层潜力(Bailey,2011)。

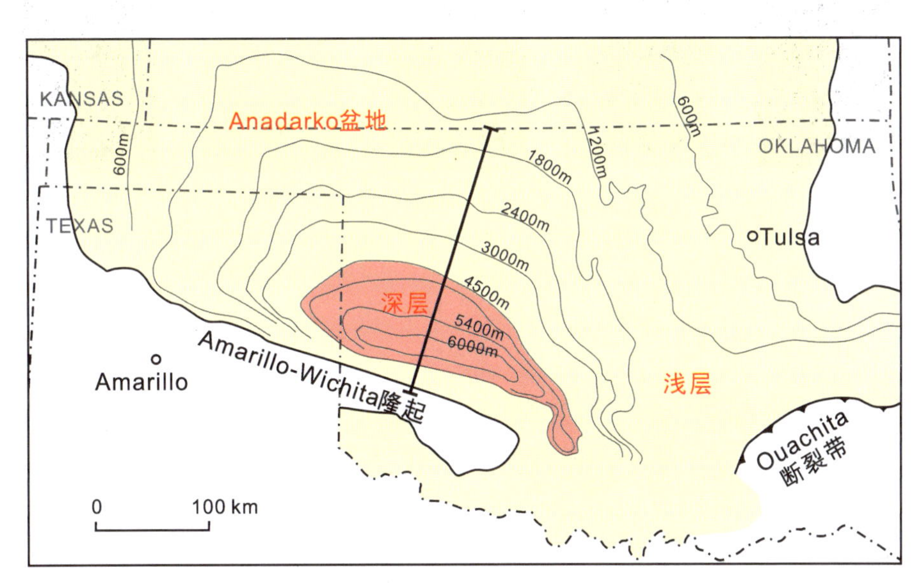

图 2-31 Anadarko 盆地深层优质白云岩平面分布图

(据 King and Goldstein,2018)

晚寒武世—早奥陶世,大北美碳酸盐岩滩陆架演化至陆表海环境,Arbuckle 群岩石类型类似潮坪环境沉积物,尤其是潮间带各种微生物岩和浅水潮下颗粒岩与生物钻孔碳酸盐岩(图 2-32)。整个 Arbuckle 群由许多个潮间带和潮下带上部沉积物组成的向上变浅的旋回组成(Fritz et al. ,2013)。然而,Arbuckle 群储层段经历了复杂且强烈的成岩改造,很多沉积组构在现今储层中已无法辨认。

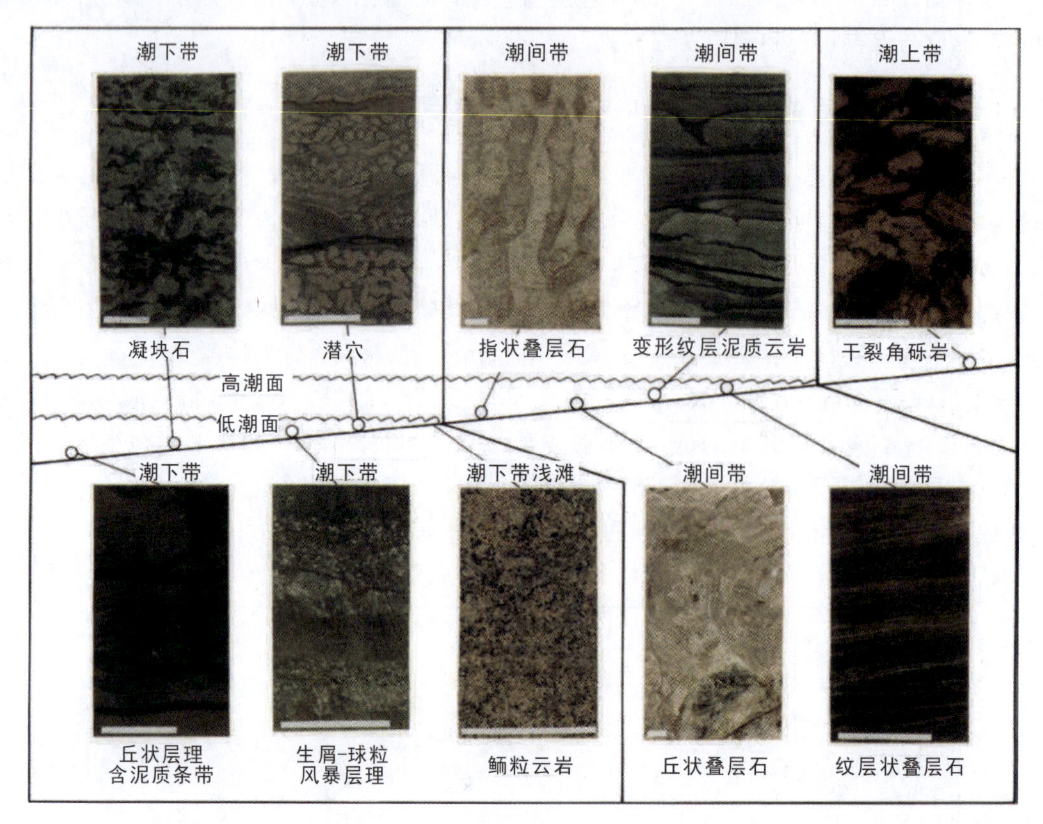

图 2-32　Anadarko 盆地 Arbuckle 群沉积微相类型及其岩石学特征

（据 Fritz et al.，2013）

储集空间类型为晶间孔、粒内溶孔、溶蚀孔洞、角砾孔和裂缝。其中，粒内溶孔主要发育在潮下带上部颗粒岩中，是同生期淡水淋滤作用的产物（图 2-33 C）；晶间孔发育于粉晶和细晶白云岩中，是白云岩化过程中原始沉积结构破坏、调整成为结晶白云岩的产物（图 2-33 A—B）；溶蚀孔洞和角砾孔发育于不整合面之下古喀斯特层段，是表生岩溶的产物（图 2-33 D—F）。

中奥陶世，整个“大北美碳酸盐岩滩”浅水陆架全部暴露地表形成广袤的喀斯特平原，包括 Anadarko 盆地在内的大部分地区中奥陶统白云岩暴露地表接受表生岩溶改造，美国北部和加拿大地区地层被剥蚀至寒武系甚至前寒武系（图 2-34）。大量勘探成果揭示 Arbuckle 群储层段主要沿不整合面发育，不仅是现今储层储集空间的主要贡献者，也是埋藏期流体活动的主要通道，对储层的发育和非均质性分布起到主要控制作用。

潮坪沉积环境的蒸发性使得沉积物在同生期海水成岩环境就发生了白云岩化。粒内溶孔的存在证实了沉积期高频海平面升降过程中沉积物短期暴露在淡水成岩环境中，淡水淋滤导致了少量的溶蚀作用。中奥陶世，表生岩溶作用在 Arbuckle 群顶部不整合面之下发育

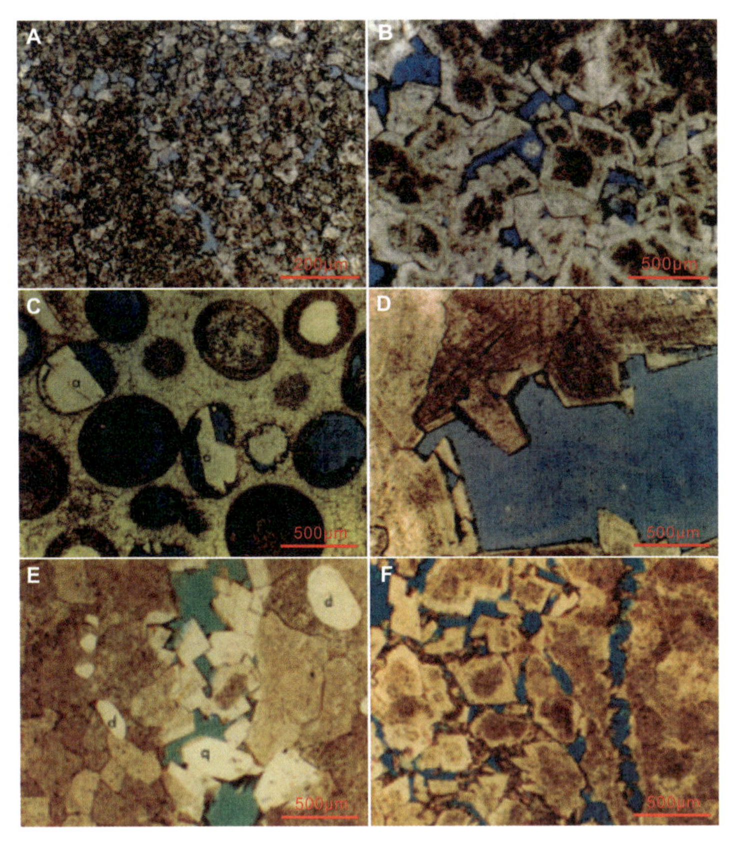

图 2-33 Anadarko 盆地 Arbuckle 群典型成岩组构岩石学特征

（据 Fritz et al.,2013）

注：a. 硬石膏；d. 碎屑石英；q. 石英胶结物。

古喀斯特洞穴系统，伴生破裂裂缝和垮塌角砾。在晚奥陶世—泥盆纪，Arbuckle 群经历了强度不高的压溶，产物是少量白云石胶结物和基质白云石加大边。早石炭世 Acadian 造山运动产生张性断层和裂缝，构造作用驱动的盆地卤水活动在 Arbuckle 群形成了高盐度的第一期显晶质石英胶结物。晚石炭世—二叠纪，Alleghenian 造山运动和 Ouachita 造山运动导致了 Amarillo-Wichita 隆起和 Anadarko 盆地前陆地区沉积岩增厚。晚石炭世，地表淡水在水头差的驱动下从 Wichita 山脉沿裂缝和高渗透性层向北流动，在 Arbuckle 群中形成低盐度的第二期显晶质石英胶结物的同时，在原有表生岩溶洞穴喀斯特系统基础上叠加了一期热流体溶蚀；至二叠纪，高盐度海水沿先前裂缝和洞穴系统流体，形成了高盐度的粗晶白云石胶结物，并伴随原油充注。此后，晚白垩世 Laramide 造山期间，热流体活动产生了少量方铅矿、闪锌矿和方解石胶结物（图 2-35，Fritz et al.,2013；King and Goldstein,2018）。

从长达 500Ma 的成岩改造和孔隙演化过程可以看出，储层的形成分 3 个阶段：沉积期至准同生期形成的粒间孔、粒内溶孔和晶间孔，表生岩溶期形成的洞穴和角砾岩系统，Al-

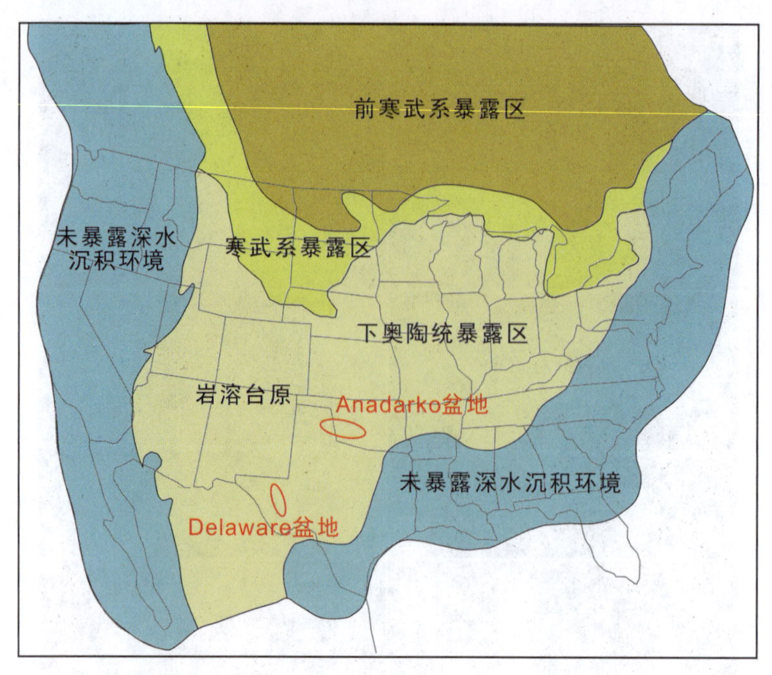

图 2-34　北美地区中奥陶世岩溶古地貌图

（据 Sternbach，2012）

leghenian-Ouachita 造山期间地表水深循环导致的热流体改造。表生岩溶期形成的洞穴系统贡献了储层的主要储集空间，且主导了后期深循环地表水的流体改造样式，因此它是 Arbuckle 群优质白云岩储层发育与分布的最主要控制因素。

（二）Delaware 盆地 Ellenburger 群白云岩储层

Delaware 盆地是位于美国得克萨斯州西部的古生代前陆盆地，盆地中已沉积了厚度超过 7km 的显生界沉积物，其中大部分沉积发生在古生代。Delaware 盆地是美国 Permian 盆地的一个西部次盆，它 71％的原油和 53％的天然气储量来自二叠系，剩余天然气主要来自晚石炭世和下古生界 Ellenburger 群白云岩储层（Sinclair，2007）。Ouachita 造山运动是研究区冲断带和现今盆地格局的主要控制因素，其主应力沿整个 Ouachita 逆冲前缘施加，传递到前陆导致前寒武基底断块活化，隆起形成 Central 台地，断陷形成 Delaware、Midland 和 Val Verde 次盆。与另外两个次盆相比，Delaware 盆地 Ellenburger 群白云岩储层具有不可比拟的埋藏深度，顶面埋深最大可达 6300m（图 2-36 A）。储层发育也有明显差异，Central 台地和 Midland 盆地 Ellenburger 群白云岩储层受岩溶影响最明显，发育大量古喀斯特洞穴及其垮塌角砾岩系统，而 Delaware 盆地 Ellenburger 群岩溶孔洞主要沿构造裂缝发育，表明岩溶作用受构造断裂、裂缝控制（图 2-36 B）。

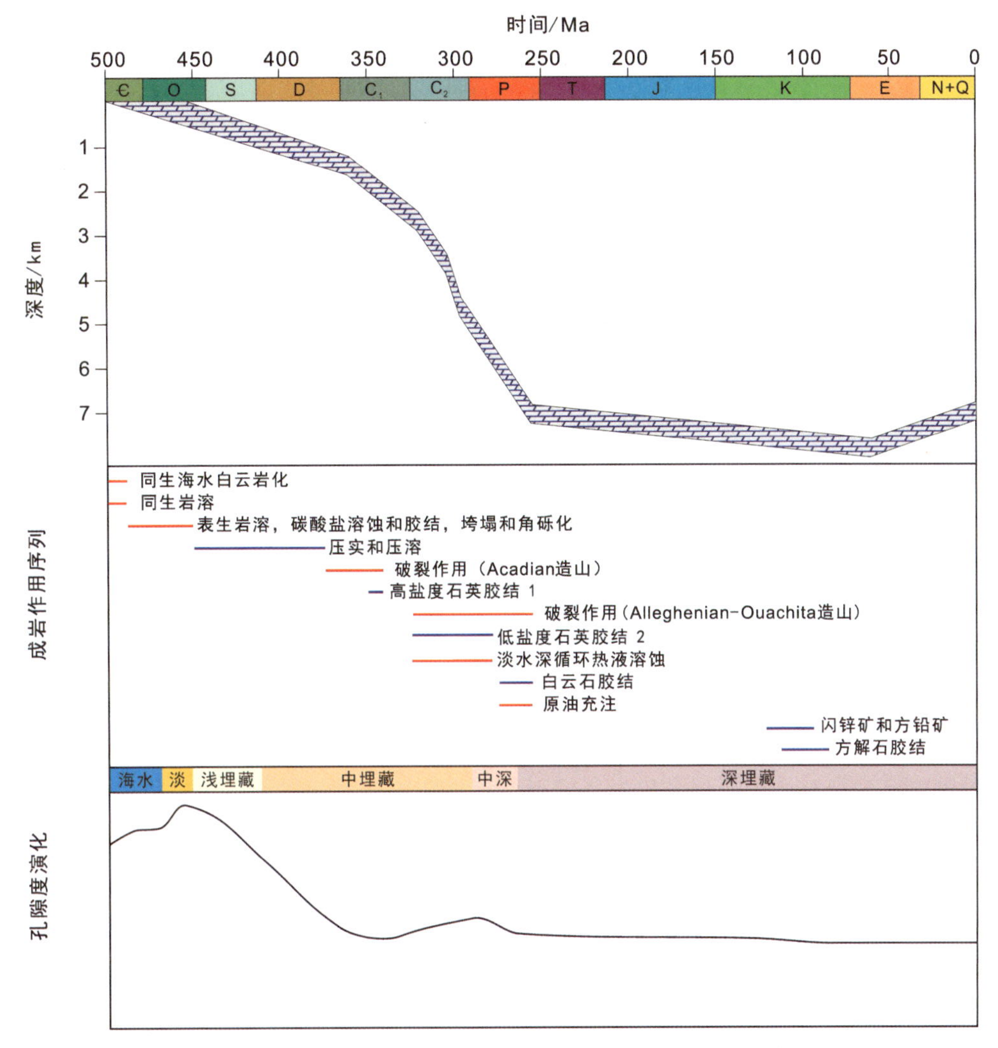

图 2-35 美国中部 Anadarko 盆地 Arbuckle 群深层优质白云岩储层埋藏史（据 Schmoker，1989；Higley，2013；King and Goldstein，2018）、成岩序列和孔隙演化史（据 Fritz et al.，2013；King and Goldstein，2018）

Ellenburger 群从岩性上明显分为 3 段。下段为厚度超过 500m 以泥晶支撑结构为主的低能碳酸盐岩，代表了早奥陶世海侵及其后的加积和进积过程；中段以潮坪相沉积为主，由浅水潮下带和潮间带各种微生物岩组成的高频旋回叠置组成；上段以潮坪相砂质碳酸盐沉积叠加强烈的成岩改造为主要特征，代表了 Sauk Ⅲ 超层序大规模海退阶段（Hill，1996）。Ellenburger 群储层段主要分布在顶部，储集空间类型包括晶间孔、非组构选择性孔洞、裂隙和裂缝，其中非组构选择性孔洞对储层储集空间做出主要贡献。

蒸发性潮坪环境保证了 Ellenburger 群在同生期海水环境已经白云岩化。Ellenburger

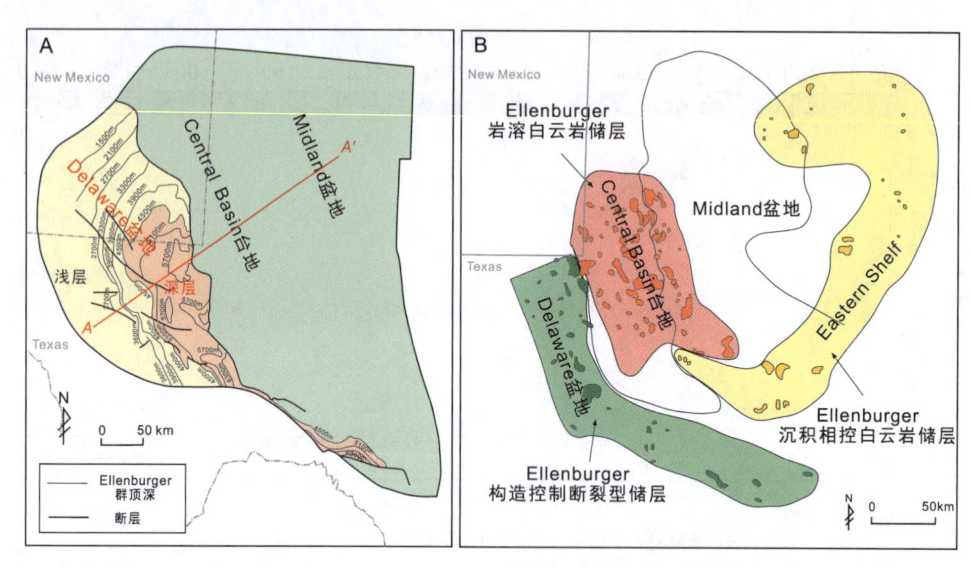

图 2-36 Delaware 盆地 Ellenburger 群顶面深度等值线图(A)和储层类型分布图(B)
(据 Loucks,2003)

群沉积之后的表生岩溶在顶部产生了大量非组构选择性孔洞。在浅层埋藏环境下,Ellengburger 群发生显著硅化作用,同时压实作用可能导致部分岩溶孔洞垮塌产生角砾孔,并在孔洞附近围岩产生裂隙。中层埋藏成岩环境以白云石的重结晶和与压溶相关的白云石胶结作用为主。晚石炭世—中二叠世,发生原油充注,之后原油裂解并在压溶成因的白云石胶结物之上形成一层沥青膜。二叠纪时期,Ellenburger 群进入深层埋藏成岩环境,Ouachita 造山运动驱动热流体进入 Ellenburger 群高渗透性层,局部产生溶蚀,并对顶部孔洞发育段白云岩进行改造,把角砾内部先期白云石转变成鞍形白云石,并在角砾间沉淀鞍形白云石胶结物。最晚期成岩事件为方解石胶结和去白云化作用(图 2-37)(Amthor and Friedman,1991)。

Ellengburger 群碳酸盐岩沉积体系相对简单,但成岩改造极其复杂,导致储层具有强烈的空间非均质性(Loucks,2003)。在长达 500Ma 的成岩改造和孔隙演化历史中,最显著和重要的成岩改造作用为表生岩溶。Delaware 盆地的岩溶作用强度稍弱于相邻的 Central 台地和 Midland 盆地,但依然在顶部形成高渗透性孔洞层,成为后续成岩改造的主要场所。大型溶洞的缺乏,反而使得压实作用引起的垮塌和角砾化现现象很罕见。与压溶作用相关的缝合线以及与压溶相关的白云石胶结物在储层中并不常见,可见它对储层的破坏作用有限。进入深层埋藏环境后,Ellenburger 群发生了一期高强度热流体改造,改造主要局限于顶部孔洞段,说明热流体通道为早期岩溶孔洞系统,热流体活动形成了大量粗晶交代或胶结成因的鞍形白云石,热流体活动可能对先期白云石进行了溶蚀,并排泄出大量溶质,使得储层段发育大量晶间孔。

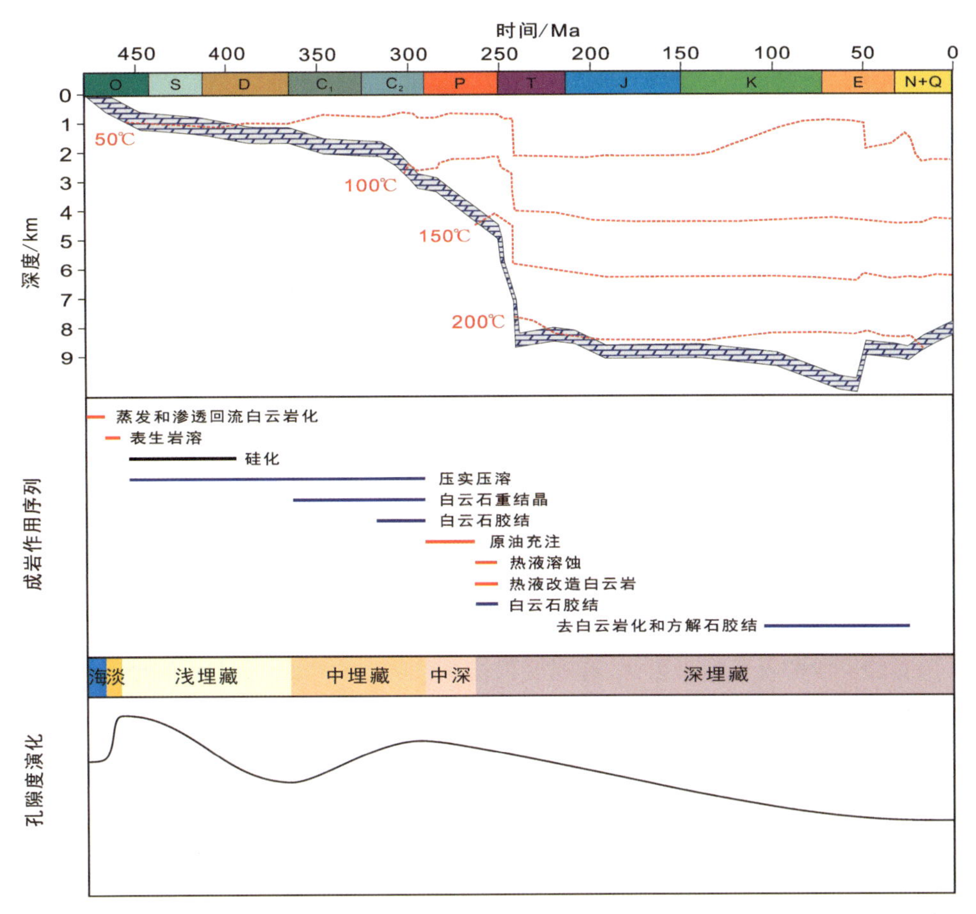

图 2-37　Delaware 盆地 Ellenburger 群优质白云岩储层埋藏史（据 Sinclair，2007）、成岩序列（据 Amthor and Friedman，1991；Kupecz and Land，1991）和孔隙演化史（据 Loucks，2003）

第三章　优质白云岩储层浅部形成机理

全球10个深层优质白云岩储层案例的成因类型和储层特征表明，主要储集空间形成于同生期-准同生期近地表环境，即沉积、海水、淡水成岩环境。对于沉积相控型优质白云岩储层，高能沉积环境沉积物中的原生孔隙、准同生期短暂淡水淋滤形成的铸模孔和海水成岩环境白云岩化过程中形成的晶间孔贡献了储层的全部储集空间。对于表生岩溶控制型优质白云岩储层，不整合面之下的古喀斯特孔洞、洞穴系统及其垮塌形成的角砾孔和裂隙贡献了现今储层的主要储集空间。此外，作为储集空间的宿主——白云岩也主要形成于浅层，即海水成岩环境至浅层埋藏环境。在所有优质白云岩储层案例中，储层均发育在完全白云岩化层段，与白云岩层段相邻的不完全白云岩化和灰岩则完全不发育孔隙，暗示了早期大规模白云岩化作用对储层段的重要性。因此，有利沉积相带、地表淡水淋滤和大规模白云岩化是本章主要阐述目标。由于这3种浅层形成机理也广泛发生在浅层优质碳酸盐岩储层中，并在前人专著和文献中有详细的讨论，本书仅简要阐述。

第一节　有利沉积相

全球深层优质白云岩储层的10个典型案例中有8个成因类型属于沉积相控型储层，而这8个沉积相控型优质白云岩储层案例的储层发育沉积相分为两大类：一类是正常浅水高能沉积相，主要水动力由波浪和潮汐提供；另一类是事件性高能沉积相，主要水动力由地震诱发的碎屑流和海啸巨浪提供。以下两小节分别阐述这两大类有利沉积相特征及其孔隙形成机理。

一、浅水高能沉积相

全球8个沉积相控型优质白云岩储层中属于浅水高能沉积相的案例有7个。各盆地在储层沉积期虽处于不同的台地类型(陆表海、碳酸盐岩缓坡和镶边台地)，但储层所属沉积相皆为各自台地类型中的浅水最高能沉积相。

Irwin(1965)根据陆表海能量分带，把浅海碳酸盐岩沉积场所划分为X－Y－Z 3个能量带，建立了陆表海清水沉积模式。Laporte(1967)在美国纽约州对早泥盆世Heidelberg群进行沉积相分析时，认为该地层沉积于一个非常接近海平面的陆架之上，建立了类似于陆表海沉积模式的潮坪沉积模式，根据岩性和古生物特征划分出：潮上带、潮间带和潮下带3个相带。这些沉积相模式适用于广阔、地形起伏不大、主要水动力由潮汐作用提供的清水碳酸盐沉积环境。

陆表海环境由于缺乏波浪作用而缺乏大型颗粒滩沉积，高能沉积主要为由凝块状叠层石和波状或丘状叠层石组成的微生物建造（微生物丘）和以砂屑颗粒充填的潮汐水道，如四川盆地安岳气田灯影组、川西气田雷口坡组储层沉积相均属此类。

基于现代巴哈马、佛罗里达和波斯湾等地区碳酸盐岩的沉积相研究，提出的相模式包括平顶台地、镶边台地和孤立台地沉积模式。其中 Wilson（1975）建立的镶边台地模式是应用最广泛的相模式，包含 3 大相区、9 个相带。3 大相区的格局沿袭了 Irwin（1965）的低能—高能—低能分区。四川盆地普光气田飞仙关组属于高能相区台地边缘颗粒滩相，元坝气田长兴组属于高能相区台地边缘生物礁相。

在陆表海向镶边台地演化过程中，还存在一种台地类型，即碳酸盐岩缓坡。缓坡是指沉积面平缓的斜坡，斜率不超过 1°，深度梯度为每千米加深仅几米。缓坡从浅水高能环境缓慢过渡到较深水低能环境，两端分别为陆地和盆地，中间无破折为单斜缓坡而有破折则为远端变陡缓坡。应用最广的碳酸盐岩缓坡模式由 Burchette 和 Wright（1992）与 Tucker 和 Wright（1990）提出，前者综合考虑了沉积水体能量、沉积构造、岩石类型和结构以及生物多样性，后者主要考虑水体能量，并将波浪作用影响最强的区域划分为浅缓坡相。本书倾向于 Tucker 和 Wright（1990）的缓坡相模式及其术语，阿拉伯盆地阿联酋地区 Khuff 组、墨西哥湾盆地 Smackover 组储层即属于浅缓坡相带颗粒滩相，而 South Oman 盐盆 Ara 群储层段则属于浅缓坡相带微生物丘相。

由此可以看出，不同的台地类型，沉积环境的分带性差异很大。关士聪等（1984）基于中国新元古界—三叠系海相地层的沉积研究，根据海底地形、海水深度、沉积构造、生物组合特征、地理位置等因素，建立了综合的海相碳酸盐沉积相模式，分为 6 个相区、15 个相带（图 3-1）。

本书服务于碳酸盐岩储层地质学研究，重点关注水体能量，认为关士聪模式囊括了 7 个浅水高能相控型优质白云岩储层沉积相类型。普光气田飞仙关组、元坝气田长兴组、阿联酋地区 Khuff 组、墨西哥湾盆地 Smackover 组沉积于该模式的台地边缘相区。该相区水动力主要由波浪作用提供，波浪对沉积物的冲刷导致细粒沉积物（泥晶碳酸盐岩和陆源泥质）被淘洗、搬运至更低能的环境，颗粒滩内粒间孔和生物礁格架孔得到保存，由此形成大量原生孔隙。安岳气田灯影组、川西气田雷口坡组、South Oman 盐盆 Ara 群沉积于台地相区的开阔台地相带和半闭塞台地相带。该区域内水动力主要由潮汐作用提供，相对较大的可容纳空间允许建造型微生物岩快速生长，形成发育微生物格架孔的微生物丘，潮汐的冲刷作用可在潮汐水道内沉积较小规模的砂屑支撑的颗粒岩相，并发育粒间孔。

二、撞击事件高能沉积相

（一）撞击相关储层特征和分布

从墨西哥 Sureste 盆地下白垩统角砾状白云岩储层得到的启示为，撞击相关的事件性高

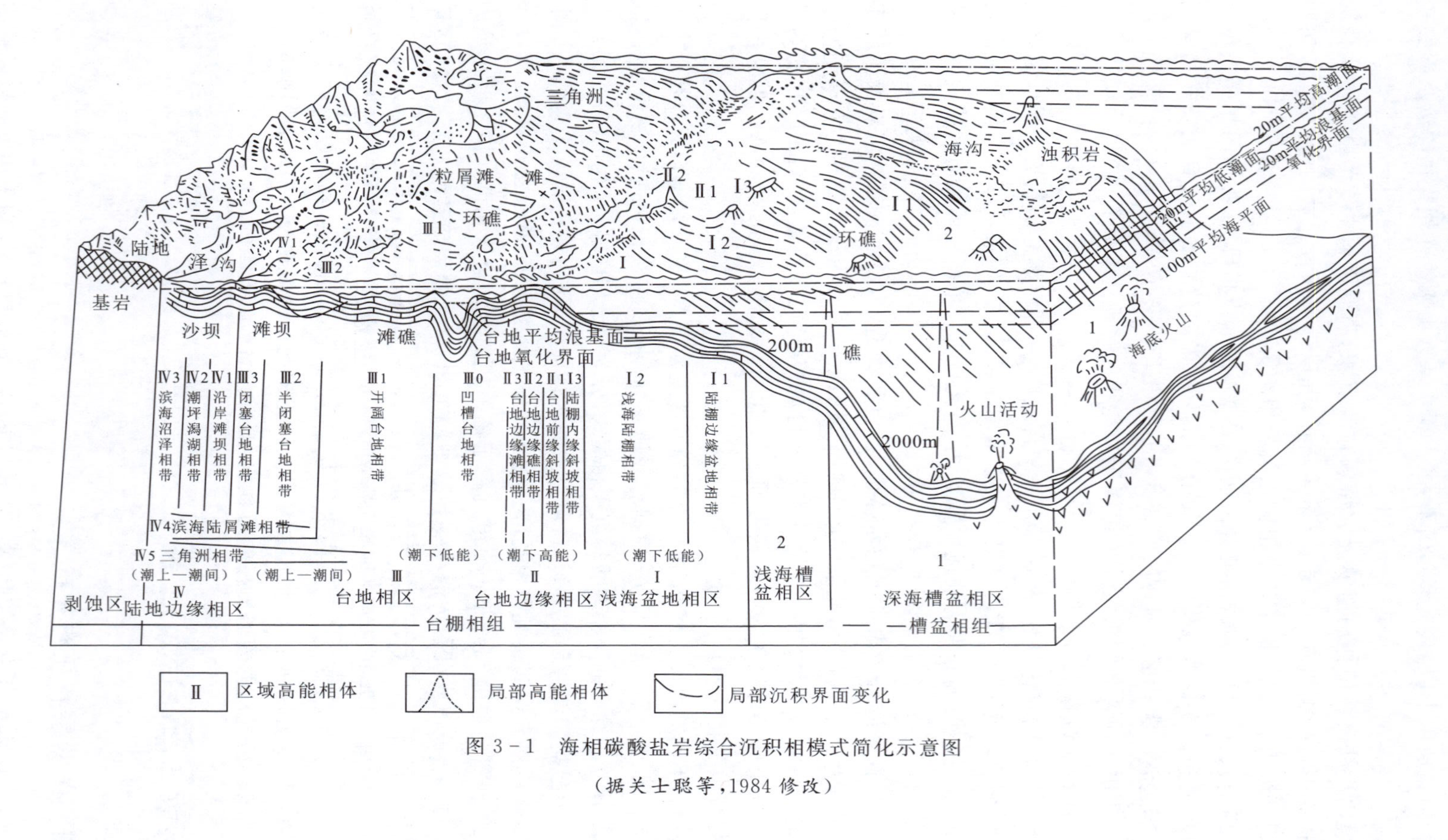

图 3-1　海相碳酸盐岩综合沉积相模式简化示意图

（据关士聪等，1984 修改）

能沉积物蕴含巨大的油气成储潜力。据推算，在全球显生宙地层中，直径大于 1km 的撞击坑的数量为 845 个，其中 228 个直径大于 2.5km，截至 2011 年已实地确认的直径大于 1km 的撞击坑只有 176 个（Stewart，2011）。北美地区是对撞击构造研究最多，从撞击构造中获取油气资源最多的地区（表 3－1）。至 1997 年，北美地区已确认的 19 个撞击构造中，有 9 个已经投入油气开采（Reimold et al.，2005）。Oklahoma 州 Ames 撞击构造每天产油 7200 桶；Texas 州 Sierra Madera 撞击构造每天产气 10.2 亿 m^3；Red－Wing Creek 撞击构造拥有油柱高度 870m 的单井；Steen River 撞击构造形成的圈闭中预计有 300 万桶原油；Chicxulub 撞击坑附近的 Cantarell 油田是墨西哥最大的油气田，已探明储量为 300 亿桶原油和 4248 亿 m^3 天然气；Viewfield 撞击构造可能拥有 2000 万桶原油储量；Avak 撞击构造的环形边缘构造上分布 3 个大气田，其中的 Barrow 气田南部和东部天然气可采储量为 104 亿 m^3。大量已报道数据表明，撞击构造具有巨大的油气资源潜力。

表 3－1 全球撞击相关事件沉积型油气储层分布（截至 2005 年，Reimold et al.，2005）

撞击坑	位置	直径/km	年龄/Ma
Ames	Oklahoma，USA	16	470±30
Avak	Alaska，USA	14	约 460
Chicxulub	Yucatan，Mexico	180	65
Cloud Creek	Wyoming，USA	7	190±20
Marquez Dome	Texas， USA	12.7	58±2
Newporte	North Dakota，USA	3.2	<500
Obolon	Ukraine	20	169±7
Red－Wing Creek	North Dakota，USA	9	200±25
Rotmistrovka	Ukraine	2.7	120±10
Sierra Madera	Texas，USA	13	<100
Steen River	Alberta，Canada	25	91±7
Tookoonooka	Australia	55	128±5
Viewfield	Sasketch，Canada	2.5	190±20

（二）撞击相关事件性高能沉积物的成储机理

与撞击事件相关的地质资源，按与撞击发生的相对时间可分为前生成因（pre－impact）、同生成因（syn－impact）和后生成因（post－impact）三大类。前生成因地质资源形成于撞击之前，撞击相关的沉积物为前生成因矿床提供了地层保护使其免受风化剥蚀（如南非 Vredefort 金矿床），或撞击使前生矿床位移到可开采的地理位置（如乌克兰 Ternovka 铁矿床和加拿大 Carswell 铀矿床）。同生成因地质资源形成于撞击过程中，撞击释放的巨大能量导致矿物形成,如钻石等。后生成因地质资源形成于撞击事件之后立即开始的沉积作用或热流体活动(Reimold et al.,2005)。油气储层一般属于后生成因,可能存在于碰撞构造的各个部分,包括中心隆起、边缘构造、滑塌阶地和喷射沉积物(图 3-2)。基于墨西哥湾 Sureste 盆地深层发育的下白垩统角砾白云岩储层成因的参考意义,本书仅讨论撞击相关的高能角砾碳酸盐岩。

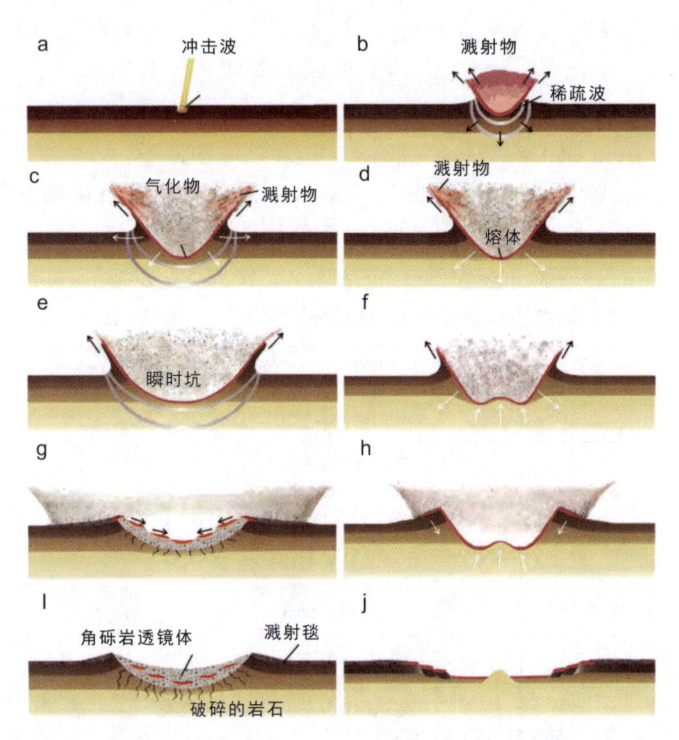

图 3-2 简单撞击坑和复杂撞击坑的形成过程(据肖智勇,2021)

a. 撞击体在穿透天体的大气层时,运动前方的空气被强烈挤压形成激波;b. 接触－压缩阶段结束时,撞击体从高压态被卸载,冲击波和稀疏波在靶体中传播;c、d. 形成简单撞击坑和复杂撞击坑的撞击挖掘过程大致相似;e. 形成简单撞击坑的挖掘阶段结束时,瞬时坑具有抛物线形的坡面形态;f. 形成复杂撞击坑的挖掘阶段结束时,挖掘腔(与一些工作定义的瞬时坑不完全相同)的底部已开始反弹;g. 简单撞击坑的坍塌阶段以溅射物回落和瞬时坑坑壁物质向内垮塌为主;h. 复杂撞击坑的坍塌阶段发生坑底反弹、坑壁塌陷和溅射物回落;i、j. 最终形成的简单撞击坑和复杂撞击坑的剖面示意图

撞击事件相关的沉积物,按沉积时间可分为三大类:撞击之后几分钟,地震诱发的碎屑流沉积;撞击之后 1～2h,巨型海啸驱动沉积的浊积岩;撞击之后 2 周,悬浮粉尘和喷射物沉降沉积物。前两种为高能沉积物,后者为低能细粒沉积。以 Sureste 盆地 Cantarell 油田 Chicxulub 撞击相关沉积岩段为例,底部为厚度 40～300m 粗砾角砾岩段,中部为厚度 4～20m 的细砾角砾岩段,上部为厚度 1～30m 的粉砂质-黏土质喷射物沉积岩段。3 个岩性段代表了撞击事件的沉积序列,其中地震和海啸诱发的粗砾至细砾角砾岩段为该油田主力储层段(图 3-3,Grajales-Nishimura et al.,2000)。

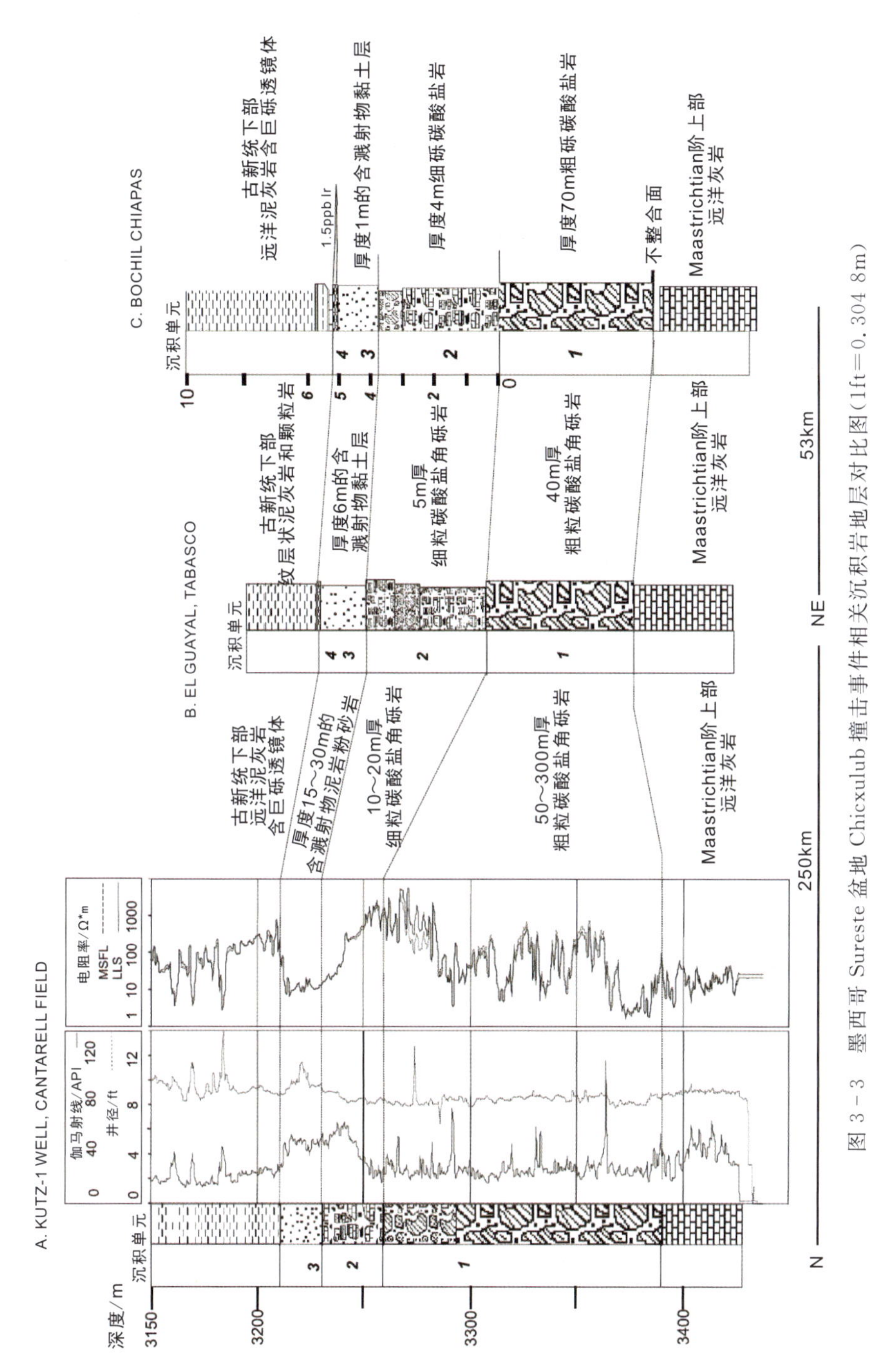

图3-3 墨西哥 Sureste 盆地 Chicxulub 撞击事件相关沉积岩地层对比图(1ft=0.3048m)

(据 Grajales-Nishimura et al.,2000)

第二节　地表淡水淋滤

以 Klimchouk 为代表的众多学者按照 Choquette 和 Pray(1970)提出的碳酸盐岩三段成岩理论(即早期成岩阶段、中期成岩阶段和晚期成岩阶段)及溶蚀过程中岩溶水动力学机制的不同将岩溶作用划分为:①同生岩溶,多发育于海岸及海洋环境中未固结的高孔渗碳酸盐岩;②表生岩溶,岩溶水流动不受限制,岩溶水从上覆地表获得补给;③埋藏环境发生的上升型/热液岩溶,岩溶水自可溶性岩层的底部向上注入所造成的岩溶作用(Klimchouk,2009)。地表淡水淋滤是前两种(同生岩溶和表生岩溶)岩溶类型的主要机制,但产生的岩溶改造样式和储层改造强度存在明显差异。

一、同生岩溶

同生岩溶是浅水高能沉积相控型储层的一种重要成岩改造作用。浅水高能沉积相控型储层中往往呈现出明显的高频沉积旋回叠置。全球浅水高能相控型储层发育特征表明,高频旋回不仅对地层原生孔隙的分布具有决定性作用,还能通过旋回顶部短暂暴露地表接受淡水淋滤形成大量早期组构选择性孔隙。

相较于碎屑岩,碳酸盐岩具有更高的化学活性,地质流体通过溶蚀或胶结作用,能在碳酸盐岩中形成复杂的孔隙网络。Choquette 和 Pray(1970)的碳酸盐岩孔隙分类方案将孔隙分为组构选择性和非组构选择性两大类。组构选择性孔隙通常是由于某种结构组分从岩石中被选择性溶解而成。

区别于表生岩溶期大气淡水作用于稳定矿物组分的碳酸盐岩,同生岩溶作用对象通常是亚稳定的文石和高镁方解石。这种同生岩溶包含亚稳定矿物(文石和高镁方解石)的溶解和稳定矿物(方解石)的再沉淀两个过程,因此其产物也包含溶蚀孔隙和胶结物两个同等重要的类型。普光气田飞仙关组、阿联酋地区 Khuff 组、墨西哥湾盆地 Smackover 组优质白云岩储层中主要孔隙类型之一的粒内溶孔,即属于组构选择性溶孔。鲕粒内部被溶蚀形成粒内溶孔,甚至鲕模孔,是大气淡水同生岩溶过程中溶蚀作用的典型产物;而相邻层段鲕粒外的等厚环边胶结物则是同生岩溶过程中胶结作用的典型产物(Moore and Wade,2013)。

根据 Moore(1989)提出的大气淡水影响下的矿物稳定化作用模式,原始沉积的文石鲕向方解石转变的方式分为两种,即“大尺度溶蚀”和“小尺度溶蚀”。如果孔隙水流量较大,那么鲕粒内文石将在不饱和的新鲜大气淡水作用下,发生溶解形成鲕模孔,而文石溶解释放的 Ca^{2+} 和 CO_3^{2-} 可能在水力梯度的下游以方解石胶结物的形式沉淀下来,或者在颗粒附近以方解石胶结物的形成沉淀于颗粒之间,以上过程被称为“大尺度溶蚀”。如果孔隙水流量较小,大气淡水相对文石不饱和或轻微饱和,鲕粒内文石将在原地发生溶解-再沉淀,在鲕粒内部形成等轴粒状方解石胶结物，原生粒间孔得到保存，这一过程被称为“小尺度溶蚀”（图 3-4）。

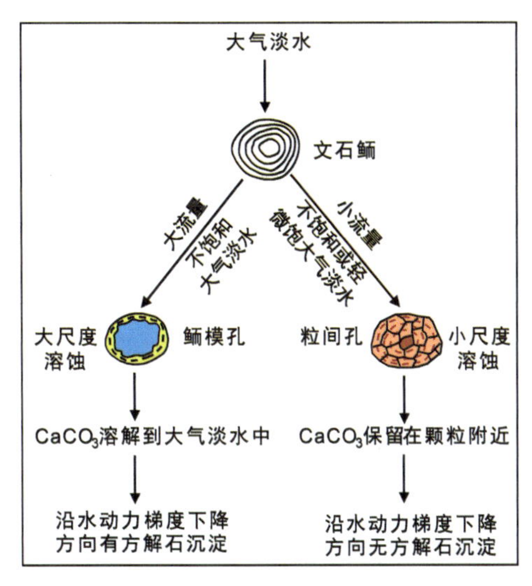

图 3-4 文石鲕粒的“大尺度溶蚀”和“小尺度溶蚀”两种同生岩溶机理示意图（据 Moore，1989）

同生岩溶样式及其孔隙发育程度不仅取决于沉积物矿物类型和淡水流量，还与淡水淋滤持续时间有关。不同级次高频旋回的持续时间不同，其顶部暴露持续时间也有明显差异。Saller 等（1999）通过对 Texas 州西部上古生界中宾夕法尼亚统—上二叠统台地型灰岩中 87 个沉积旋回的详细研究，建立了受旋回暴露时间控制的 4 个孔隙发育阶段及其储层改造特征（表 3-2）。结果显示，不同持续时间的暴露，可能在地层中形成差异巨大的喀斯特相关孔隙类型和胶结物组构，其中暴露持续时间为 0.005～0.05Ma 同生岩溶对储层的发育是最有益的，这一持续时间对应地球轨道短偏心率周期（100ka）控制的高频旋回，而其他高频旋回由于暴露时间太短造成溶蚀程度不够，或因暴露时间太长形成大型洞道和裂隙易被后续充填而对储层的发育无显著建设性意义。

表 3-2 沉积旋回暴露面同生岩溶阶段划分及其特征（据 Saller et al.，1999）

阶段		暴露时间/Ma	成岩及储层特征
阶段1	非常短暂或者没有陆地暴露	<0.005	很少或不能导致成岩变化。没有被压实作用破坏的孔隙主要被富铁方解石胶结物充填（来源于埋藏期间的压溶作用）。孔隙度很低，平均孔隙度为 1.7%，只有 7.5%的岩性达到油藏级储层（大于 4%）

续表 3-2

阶段		暴露时间/Ma	成岩及储层特征
阶段2	陆地暴露短暂-中等	0.005～0.05	产生被方解石胶结物充填的最原始孔隙(包括细小基质的溶解孔隙铸模孔和晶间孔);钙质壳、与土壤有关的斑点及根茎(微晶化的根痕)可以出现在旋回的上部,陆地暴露面附近可以出现一些小的孔洞和裂纹。高镁方解石可能在大气淡水成岩期就已经很快地转化为低镁方解石(更新世灰岩在遭受了短暂-中等的陆地暴露后仍具有文石存在,因此在暴露的第一周期,只有部分文石被溶解或方解石化)。旋回顶部的颗粒岩中具方解石胶结物,但文石颗粒的溶解作用导致了许多铸模孔的出现。在有些粒泥岩和泥粒岩中也可出现晶间微孔,泥晶基质被转化成为微晶方解石,但由于暴露时间较短,方解石沉淀作用不能充填这些孔隙。除了在暴露面上,旋回内部孔洞和裂纹(开启或充填的)很少。平均孔隙度为4.3%,35%的岩性属于油藏级储层
阶段3	中长期暴露	0.05～0.13	产生胶结物充填原始孔隙及一些细小的次生孔隙,能建立小规模输导孔的溶解作用(孔洞、裂缝和裂纹)。暴露面以下0.05～0.3m出现微晶化作用和角砾化作用,根痕、分散状裂缝和裂纹。后者可以被页岩或块状方解石和白云石充填。颗粒岩中大多数粒间孔被方解石充填,一些铸模孔被胶结物充填,但重要的铸模孔仍能保留。在泥晶质灰岩(粒泥岩和泥粒岩)中一般没有孔隙留下。溶解作用可以形成小—中等数量的孔洞、裂缝和裂纹。可以发育一些孤立的喀斯特沉落洞。平均孔隙度可达3.1%,25%的石灰岩属于油藏级孔隙度
阶段4	长期的陆地暴露	＞0.13	可以导致被方解石胶结物充填的最原始的和次生基质孔隙的形成,但溶解作用进一步扩大输导孔隙。裂缝、裂纹及角砾可以延伸到暴露面以下0.1～1m处,许多裂缝、裂纹及角砾间的空间被红色页岩充填,陆地暴露明显导致了大多数原始和铸模孔(基质孔)被方解石胶结物充填。但许多孔洞、裂缝和裂纹(输导孔)是在广泛的溶解期内形成的。另外大多数输导孔和残留下的基质孔被页岩和埋藏胶结物充填,导致孔隙度很小。由于广泛分布的喀斯特,有些宽0.1～1m,10km长的被页岩充填的溪谷可以在三维地震勘探资料上成图。平均孔隙度为2.2%,只有22%的石灰岩具有油藏级孔隙度

前人研究发现,普光气田飞仙关组高能鲕滩可划分为多个高频沉积旋回,在每个高频旋回的中上部,孔隙较发育,向下孔隙减少(郭旭升等,2010)。一个高频旋回内GR值向上逐渐增大,达到最大值后逐渐减小,孔隙度的变化与GR值的变化相反(马永生和储昭宏,2008)。在元坝地区,岩石结构保存较好且没有白云化叠加影响的YB2井岩芯上可清晰地观察到,颗粒岩发育的旋回中上部的鲕粒岩段孔隙较发育,而泥晶灰岩段岩石致密(张学丰

等,2011)。李国蓉(2006)认为高频旋回内部储层发育的机理有两个方面:一方面为高碳酸盐生长率,碳酸盐沉积物迅速脱离海底成岩环境,同生期海底胶结物少,有利于原生粒间孔的保存;另一方面在高位期地层短暂暴露于大气水环境,发生同生溶蚀形成粒内溶孔和铸模孔。

进一步研究表明,普光气田飞仙关组优质白云岩储层中,虽现今岩石已经被完全白云岩化,但在组构保存的白云岩中依然可见普遍存在铸模孔和等厚环边组构,揭示了在白云岩化作用之前,同生岩溶过程中的溶蚀和胶结作用对储层产生了重要影响。岩性转换面和大气淡水暴露特征是普光气田飞仙关组储层段重要特征,岩性转换面的最典型标志是缝合线,缝合线两侧沉积构造、颗粒大小、泥粒比的突变指示旋回界面;大气淡水暴露特征主要是粒内溶孔的分布特征,即旋回上部粒内溶孔发育均匀且颗粒被溶蚀程度高,旋回下部不发育粒内溶孔或颗粒被溶蚀程度低(图 3-5)。基于岩性转换面和大气淡水暴露特征,在普光气田基础探井 PG2 井优质储层段共识别出 3 个四级旋回,它由 11 个五级旋回组成,并对各四级旋回和五级旋回进行编号。四级旋回 1 和 2 中包含的 8 个五级旋回,每个五级旋回从下往上,孔隙度升高。四级旋回 3 中包含的 3 个五级旋回,每个五级旋回从下往上,孔隙度降低。

根据顶底界面和旋回内部变化特征,11 个五级旋回可归纳为 4 种类型(图 3-6)。五级旋回 1-1、1-2、1-3 和 1-4 为 D 型高频旋回,该类型高频旋回下部为低能泥粒岩和含泥灰质白云岩,旋回中部为发育粒间孔的鲕粒白云岩,旋回上部为发育粒内溶孔的鲕粒白云岩,且向上粒内溶蚀程度增加(由圆环状粒内溶孔向椭圆状粒内溶孔转变)。五级旋回 2-1 和 2-2 为 C 型高频旋回,该类型高频旋回下部为发育少量粒间孔的鲕粒白云岩,旋回中部为糖粒状白云岩,但是岩芯观察和增强光显微观察到残余颗粒结构,推断晶间孔的前身为粒间孔,旋回上部为发育粒内溶孔和粒间孔的鲕粒白云岩。五级旋回 2-3 和 2-4 为 B 型高频旋回,该类型高频旋回下部为粒间孔发育的鲕粒白云岩,而旋回上部为粒内溶孔发育的鲕粒白云岩。五级旋回 3-1、3-2 和 3-3 为 A 型高频旋回,该类型高频旋回下部为粒间孔和粒内溶孔均发育的鲕粒白云岩,部分粒内溶孔和粒间孔经溶蚀扩大形成长轴平行层面的顺层溶蚀扩大孔,旋回上部为藻纹层鲕粒白云岩,鲕粒之间的基质中可见藻黏结的泥晶基质和藻纹层结构。4 种类型的高频旋回,从下往上(从 D 到 A)含泥低能岩相的消失和藻纹层的出现,反应了沉积环境水体变浅;另外,粒内溶孔的周期性出现,说明矿物稳定化过程中的溶蚀作用发生在五级旋回沉积期间,即三级海平面高位期的短暂间歇性暴露,而非三级海平面低位期。

同生岩溶也在众多浅层优质白云岩储层的高频旋回顶部出现。川东石炭系黄龙组大多数有效储层正是发育于海侵-海退的沉积作用转换面之下,通过连井对比发现部分区块,在海侵体系域顶部存在地层缺失,推测为溶蚀和暴露淋滤作用促使了储层孔隙的发育(李忠等,2005)。风化壳岩溶作用往往发育于三级层序界面之下,而高频层序界面之下同生岩溶作用虽然强度较三级层序界面更弱,但也常被准同生溶蚀和胶结现象记录在地层中(樊太亮等,2007;于炳松等,2007)。黄龙组白云岩储层的分布也表现出旋回性特征:在向上变浅旋

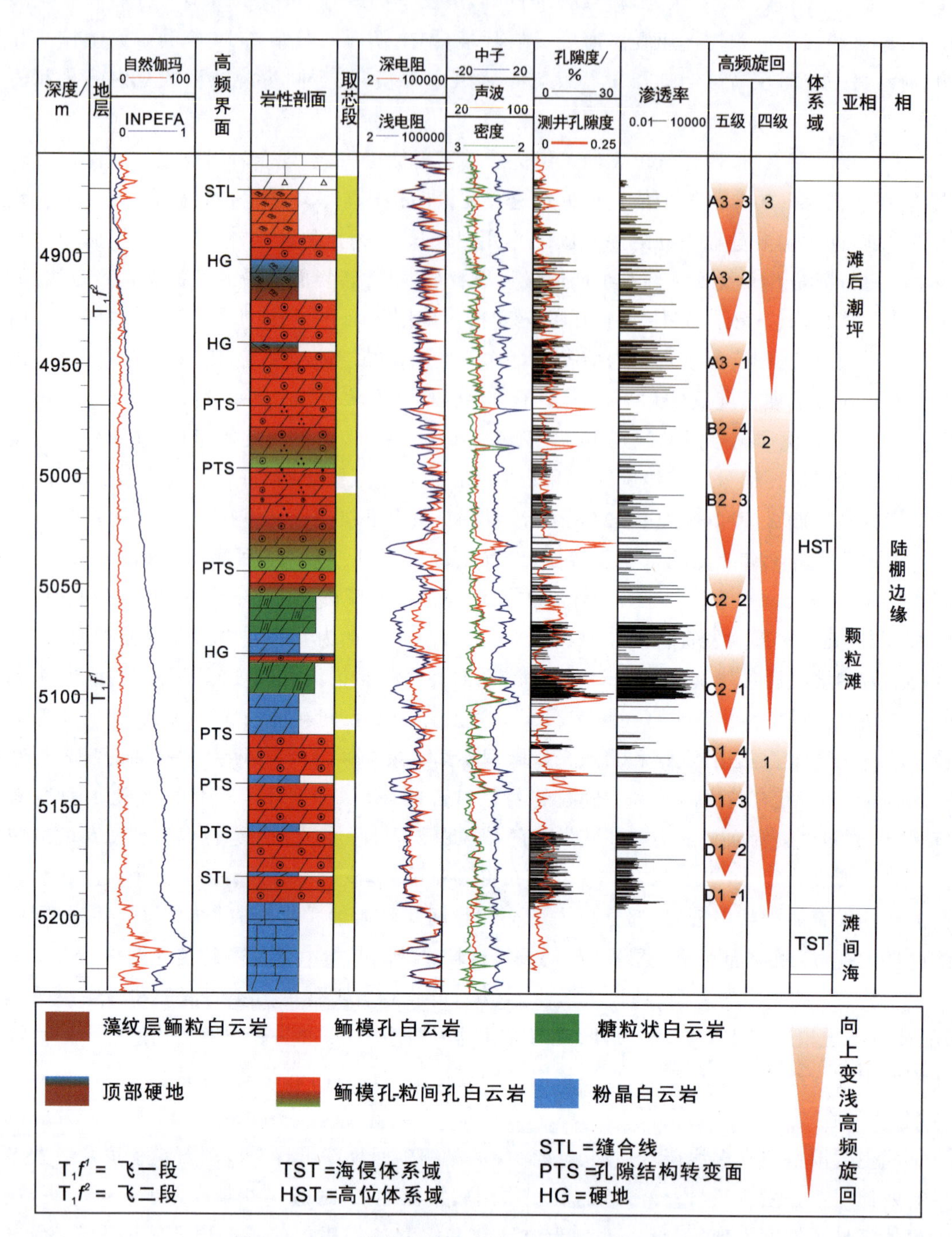

图 3-5 PG2 井优质白云岩储层段高频层序地层特征

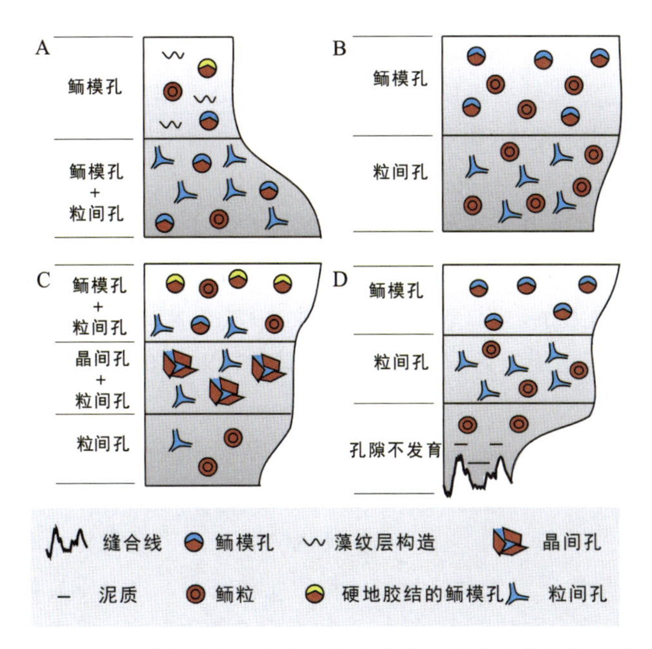

图 3-6 PG2 井优质白云岩储层段发育的 4 种典型高频旋回类型

回的顶部，白云岩的孔隙往往更发育，推测与高频旋回的暴露面有关；储层段白云岩以细-粗晶白云岩为主，孔隙源于白云岩化之前原岩孔隙的继承和再调整(郑剑锋等，2013)。四川盆地安岳气田下寒武统龙王庙组颗粒滩储层中同样可划分出多个向上变浅的厚 2～20m 的颗粒白云岩高频旋回(姚根顺等，2013)。

二、表生岩溶

同生岩溶的发生受控于海平面和古地貌背景，其分布整体上还是局限于浅水高能相带，而表生岩溶则无视原始沉积相带和岩性。表生岩溶作用在广袤的“大北美碳酸盐滩”上，是 Ellengburger 群和 Arbuckle 群以及其他同期异相地层中洞穴及其垮塌角砾岩系统的主要形成机制。现实的岩溶储层案例中，洞穴及其垮塌角砾岩系统并非在地表岩溶过程中一蹴而就，而是在地表形成并在地下埋藏过程中持续演化形成的(Loucks，2003)。

(一)地表形成机理

地表形成阶段主要是在地表淡水沿先存孔隙和裂隙网络系统流动的过程中，发生的裂隙扩溶成为洞道、洞道破裂和垮塌、洞穴充填物沉积。根据地表水性质和流动样式的差异，淡水成岩环境可划分为以下 5 个垂向分带(何宇彬，1991；Jones，2004)。

(1)表层岩溶带：属于喀斯特地下水动力分带上最接近地表的岩层，位于地表未固结物质与以发育少量已被或未被水充填的裂缝和高溶隙为特征的岩体之间。表层岩溶带是一个高孔隙度、高渗透率带，可从岩溶岩表面一直向下延伸几米。由于该带内岩石是减压的，直接暴露在侵蚀作用下，因此是裂缝发育密度最大的部分。据 Huntoon(1992) 的调查，表层岩溶带的裂隙率可达 80%左右，渗透性在表层岩溶带内随深度增加而增加，表层岩溶带以下随深度增加又迅速降低，其主要特征是具有很强的非均质性，可以迅速向宽裂缝或沟渠排泄或存储地下水，也可以通过渗入或存储水来减少地表径流。这些条件导致区域性含水层及具高渗透性水平流动带的形成，以将水排入饱和带。因此蒋忠诚和袁道先(1999) 将其描述为一个表现快速岩溶动力学过程(包括快速溶蚀过程、快速岩溶水循环和快速化学沉积过程) 和高的岩溶强度(包括能够溶解较高浓度的碳酸盐和高的溶蚀速度从而具有典型奇特溶蚀形态) 的带。

(2)垂直渗入带：指最高水位以上的空间，它是降水或河溪的补给渗入带。此带的厚度主要取决于所处地貌部位，如溶原区仅厚十余米，而深切河谷区可厚逾数百米。此带发育落水洞、天然井、大溶隙及溶洞、间歇泉等，当岩体内夹含水层时还发育小型悬挂暗河或暗湖。

(3)季节变动带：指地下水最高位与最低位的变动空间。这里垂直渗入的水与水平径流的水交替出现，由于水动力交替作用较强，再加上混合溶蚀作用，造成此带垂直与水平的岩溶形态同存。此带厚度可反映灰岩岩体喀斯特化程度和不均匀性，如峰丛山区地下水位变幅为数十米至百余米，而溶原区溶道网络发育好，具较好的储水条件，地下水位变幅仅十余米。即使在一个小区域内地下水位变幅也显示出差异性，显示灰岩岩体大溶隙与溶道的组合极不均匀。

(4)水平径流带：指最低地下水位以下的空间。喀斯特水直接受排泄基面制约而呈水平径流，可以认为此带是水平溶道的生成部位，喀斯特水的补给直接来自上部带的渗入水，故浅部暗河的动态属于水文型。此带的厚度取决于灰岩岩体厚度、裸露面积、降水强度、补给区标高和基面的高差等因素。

水平径流带的含水介质结构是由大溶隙-溶道和溶隙-裂隙共生组合，前者构成溶洞水流(属非达西流的快速水流)，后者构成围岩中的裂隙水流(属达西流的慢速水流)，二者在时空上转化关系复杂。暗河起着排泄围岩中地下水的作用，尽管大双重介质空间在整个含水岩体中所占比例很小，但排水量却占 80%，可以认为暗河是次级的排水基准面。此带发育潜水型呈稳流流态的管流溶洞水，暗河源源不断地接受围岩中溶隙水的供给，因此水平径流带的暗河出口属永久性泉。

(5)深部缓流带：喀斯特地下水的补给一部分来自水平径流带，更主要的是接受来自深部径流的侧向水流供给，故此带的水流是在一定水头压力作用下缓慢流动，具承压性质，基本不受侵蚀基准面控制。此带的厚度大小不一，取决于水流运动的势能大小。喀斯特水呈层流流态的裂隙-溶隙水，称为基流水或缓慢水流，它属于达西水流运动范畴。

伴随水平径流带中岩溶洞穴的形成，洞顶和洞壁在重力作用下会产生裂隙，尤其以扁平状洞穴顶板岩石为最大剪应力集中部位。应力区内岩石的垮塌可以缓解一部分应力。洞穴的垮塌通常始于包气带，并一直持续到深层埋藏环境。在水平径流带，洞穴中水的浮力能够抵消40%的上覆地层压力，随着潜水面的变化，水平径流带演化成垂直渗流带(包气带)之后，水的浮力被移除导致洞顶垮塌，产生洞穴中由破碎角砾混乱堆积而成的碎石堆(图3-7)。

由上可看出，尽管何宇彬(1991)所描述的与水动力分带相匹配的含水介质类型可能仅代表了相对比较理想条件下喀斯特发育相对比较成熟时的结构特征，但理论上指出了季节变动带和水平径流带是大型岩溶空间发育最有利的部位。

(二)地下形成机理

近地表溶蚀作用随着上覆地层的沉积被埋藏进入地下而终止。大规模的机械压实作用开始作用于岩溶洞穴系统，形成垮塌角砾岩及其中的角砾孔。该演化过程可分为以下几方面(图3-7B)。

(1)洞穴垮塌：导致剩余洞穴的进一步垮塌、洞穴顶板的进一步破裂和先存角砾的再角砾化，经历埋藏阶段垮塌角砾化和破碎的区域体积远大于地表形成的洞穴，并随着垮塌的进一步进行可能发生独立洞穴之间的合并。

(2)再角砾化：压实作用使先存大角砾发生再角砾化而破碎成为更小的角砾，该过程一直持续到深层埋藏环境。随着该过程的进行，细小的角砾砾间孔隙会先增加然后减少。

(3)裂隙形成：随着洞穴和垮塌系统的体积的增大和上覆地层压力的持续增大，洞穴顶板和洞壁上的应力作用导致的顶板破裂面积会持续增加，作为储层储集空间的裂隙也随之增多。

(4)胶结作用：在埋藏成岩过程中，溶洞沉积充填物通常会被致密地胶结，尤其是当沉积物为陆源或含有陆源沉积组分时，胶结作用越发强烈。

据以上洞穴垮塌系统的地下形成过程，埋藏较浅的孔隙将由溶洞孔隙、角砾间孔隙和裂缝孔隙组成；中等埋藏深度上将以裂缝和破裂角砾岩孔隙为主；而埋藏很深的坍塌古溶洞储层的孔隙主要是破裂角砾孔隙和裂缝孔隙。

单个洞穴层是喀斯特流域内一组由基本处于相似海拔高度上的洞道组成的网络，是构造相对稳定期由相对稳定的局部排泄基准面控制下形成的，因此洞穴层可以理解为同期形成。现代岩溶系统考察结果表明，大型洞穴的发育通常是由多期局部排泄基准面控制下的多个洞穴层组合而成，即一个喀斯特流域内多个洞穴层包含了局部排泄基准面响应于区域性排驱变化而导致的局部基准面幕式下降的历史(图3-7A)。孤立的洞穴系统在数百万年的演化过程中通过洞穴垮塌导致的体积扩大而与邻近的一个孤立洞穴系统连通、合并形成一个更大型的洞穴垮塌系统，由此形成的储集层可能长达数几百米，宽几十米，厚几米至十几米。根据蔡忠贤(2013)的研究，塔里木盆地塔河-轮古油田储层由4～5个洞穴层组成。与此类似，多层洞穴组成的储层在Texas州Ellenburger群和Oklahoma州Wilburton油田的Arbuckle群中均有发育。

在钻井上，典型的Ellenburger群储层古岩溶相关的岩相序列，从上到下依次为：①洞顶，由裂纹化白云岩和镶嵌状接触的角砾组成；②洞穴沉积物，由硅质碎屑基质支撑的杂乱

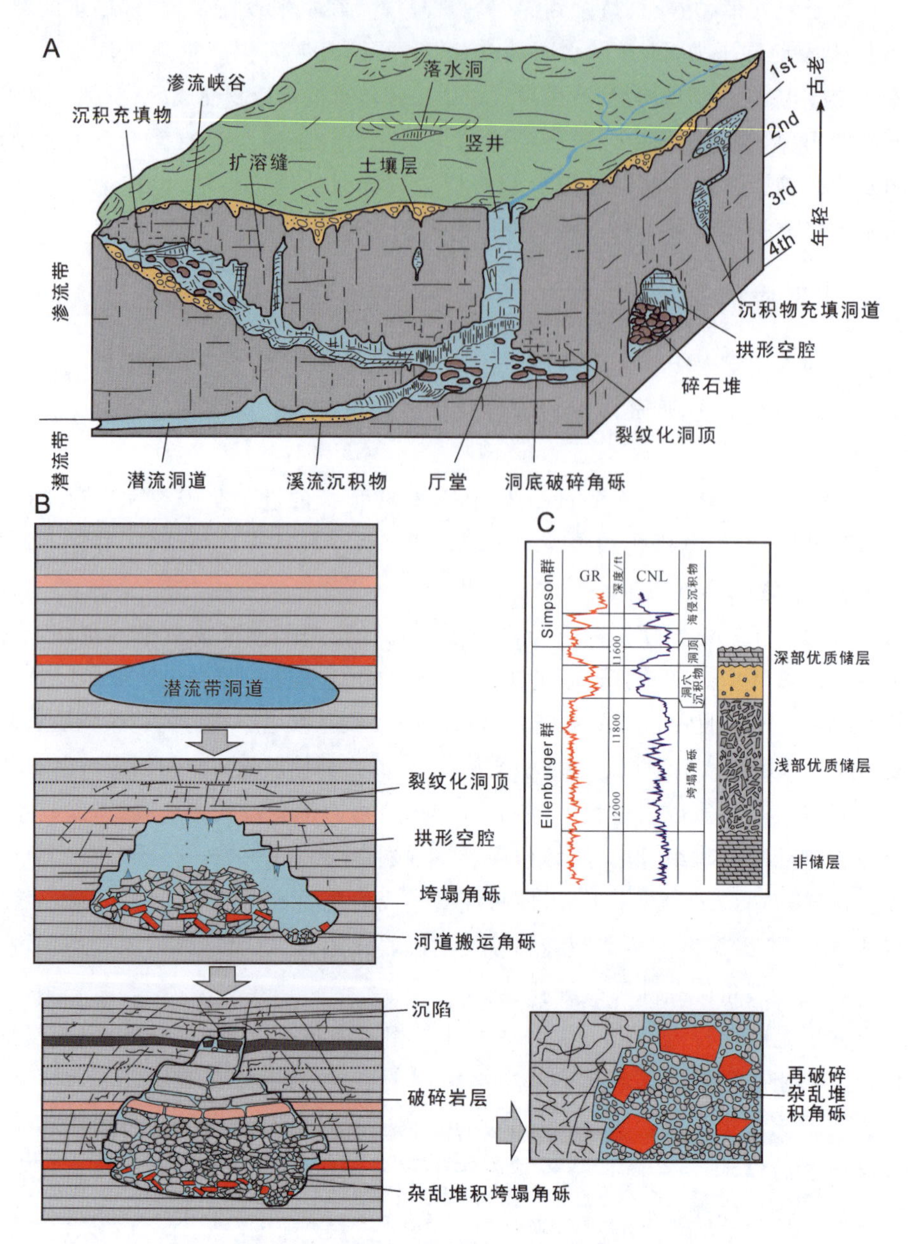

图 3-7　表生岩溶系统示意图(A),单个洞穴形成、垮塌和角砾化演化模式图(B)(Loucks,2003)以及 Ellenburger 群钻井揭示的岩溶储层段岩相分段(C)(Kerans,1988)

角砾组成;③垮塌角砾,碳酸盐岩-碎屑岩支撑的杂乱堆积角砾(图 3-7C)。其中,洞顶段和垮塌角砾岩段属于渗透性层,而洞穴沉积物段属于非渗透性层,因而成为分割上下两套渗透性层的隔层,造成了储层内部的强非均质性。另外,在近地表至浅层埋藏阶段,洞底的垮塌角砾岩段是最好的储层发育段,洞顶段由于裂隙发育,是次要的储层发育段;而在进一步埋藏过程中，洞底段大角砾碎裂成更小的角砾，粒间孔逐渐减少，洞顶段裂隙和垮塌角砾的发育使其逐渐成为主力储层段（图 3－8）。该岩相分段序列和演化模式作为储层刻画和预测的通用模型，成功运用于 Texas 州 Ellenburger 群储层开发。

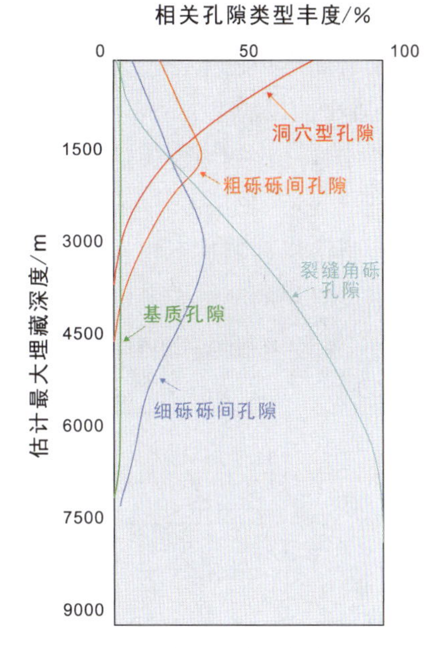

图 3－8 表生岩溶型储层储集空间类型演化示意图（Loucks，2003）

（三）白云岩与蒸发岩混合岩溶

Delaware 盆地 Ellenburger 群的强烈岩溶改造程度可能还与白云岩-硫酸盐复合岩溶有关。早奥陶世，"大北美碳酸盐滩"Permian 盆地和 Anadarko 盆地整体上处于一种广泛低能沉积环境。至早奥陶世末期，Permian 盆地地区比 Anadarko 盆地地区演化至更具蒸发性的沉积环境，沉积明显蒸发岩地层（图 3－9）。碳酸盐岩-蒸发岩复合体系因硫酸盐岩的存在而更易发生溶解（Klimchouk et al.，2002）。包括盐岩和膏岩在内的蒸发岩溶解通常可以形成岩溶垮塌地形，岩溶垮塌产生角砾岩常与穿过不整合面的大气淡水渗流带相伴生，其分布总体上受地层控制，而且分布广泛。

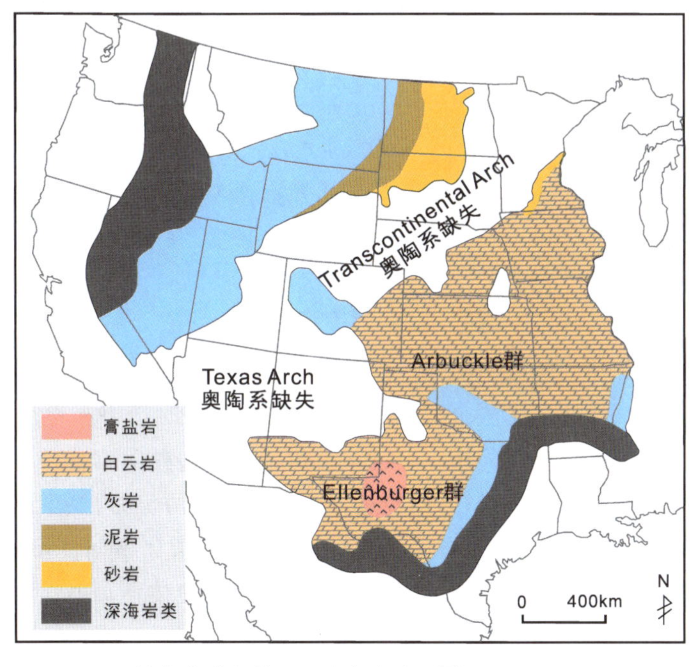

图 3－9 早奥陶世北美地区岩相古地理图（Derby et al.，2012）

Puckett 油田位于 Delaware 盆地和 Val Verde 盆地交界处。该油田从 Ellenburger 群白云岩储层中已生产出天然气 736 亿 m^3,是典型的以 Ellenburger 群白云岩为储层的油田。Puckett 油田的 Ellenburger 群完全被白云岩化,具有开采价值的高孔隙度和高渗透率层段在整个地层序列中旋回性分布(图 3-10)。该油田 Ellenburger 群典型钻井取芯段的储层发育情况表明,Ellenburger 群下储层段主要分布在溶塌角砾岩段中,而上储层段主要分布在表生岩溶层和潮道沉积岩段。其中,Ellenburger 群下储层段的溶塌角砾岩似乎与暴露过程中蒸发岩层的溶解有关(Moore and Wade,2013)。

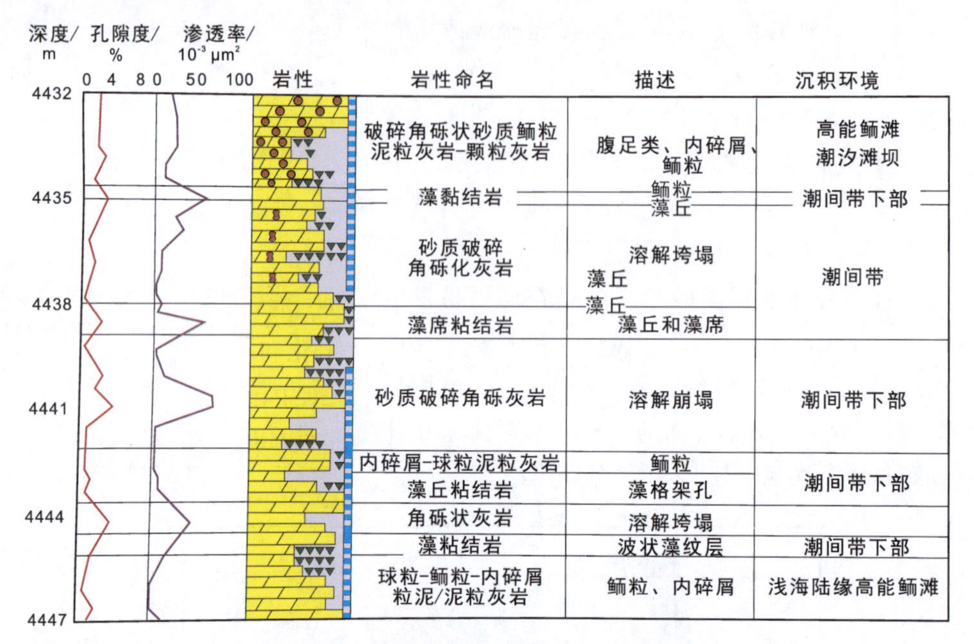

图 3-10 Puckett 油田深层 Phillips NO. C-1 Puckett 井 Ellenburger 群下部-Bliss 上部(4510~4525m)储层段与非储层段岩相类型(据 Moore and Wade,2013)

第三节 大规模白云岩化

实验室内常温常压条件下无法合成白云石,而地质历史时期海相地层中存在大量白云石。“持续了 200 年的白云石之谜”这一名词常被用来描述这种实验结果与自然现象之间难解的矛盾。虽然谜题还没有完全解开,但经过一代代研究人的努力,至少谜题的某些方面有了明确的答案:①白云石很显然不是单一成因,而是可能形成于不同环境不同流体中;②大规模白云岩体(massive dolomite)的流体来源是海水,深部流体活动能沿裂缝和高渗透性层进行白云岩化,但难以使整个地层完全白云岩化;③大规模白云岩化需要通畅的水文学条件,以持续提供富 Mg 流体并排出富 Ca 流体。基于以上认识,众多海水白云岩化模式被提出,以解释台地尺度的大规模白云岩成因(图 3-11)。其中,渗透回流白云岩化、热对流白云岩化和混合带诱导的海水循环白云岩化 3 种白云岩化模式被数值模拟证明是最有效的大规模白云岩化模式(Kaufman,1994;Whitaker and Xiao,2010)。

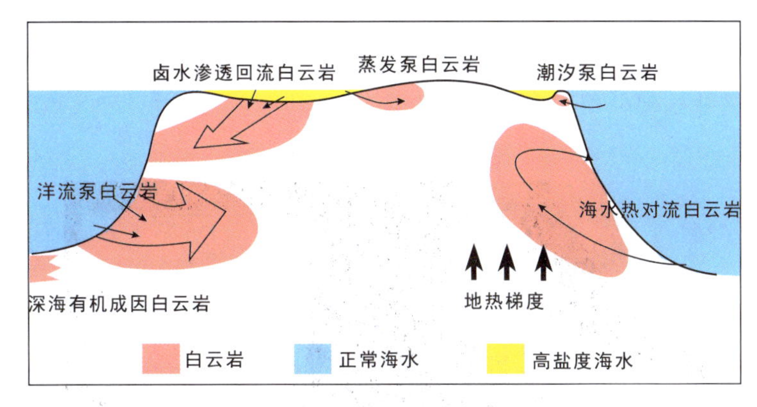

图 3-11 海水白云岩化模式(据 Warren, 2000 修改)

本书列举的 10 个全球深层优质白云岩储层均为同生期—准同生期近地表-浅层埋藏大规模白云岩化的产物,最可能的白云岩化模式为蒸发白云岩化和渗透回流白云岩化复合成因。关于案例中白云岩化成因机理的分析与讨论在前人文献中已有详细记录,本书着眼于储层,重点讨论白云岩化对原始沉积储层孔隙度和孔隙结构两方面的改造。

一、白云岩化对储层孔隙度的改造

四川盆地碳酸盐岩气田 90%以上的天然气储量富集于白云岩储层(赵文智等,2014)。然而,白云石化作用可以形成白云岩,但不一定形成白云岩储层。这就涉及白云岩化过程中孔隙形成或保存这一科学问题,针对该问题的研究最早可追溯于 1837 年法国地质学家 De Beaumont 提出的等摩尔交代理论。之后,众多学者根据各自的研究区提出了不同的白云岩孔隙成因与演化模式(Landes, 1960; Weyl, 1960; Murray, 1960; Morrow, 1982; 陈彦华等, 1987;Sun, 1992; Lucia, 2004; Wendte, 2006)。然而,关于白云岩孔隙的成因,尤其是白云岩化作用本身到底是增加、保持还是降低储层孔隙的问题仍存在分歧。总结起来,可分为以下 3 种观点。

(1)白云岩化作用增加了储层孔隙度。等摩尔交代理论认为 Mg^{2+} 离子直径小于 Ca^{2+},白云岩交代灰岩的过程中,1mol 的 Mg^{2+} 交代 1mol 的 Ca^{2+},矿物体积将缩小约 13%,因而相应的岩石孔隙度增加 13%,此理论成立的先决条件是白云岩化过程中不存在外源 CO_3^{2-} 和 Ca^{2+} 的加入。Weyl(1960)的研究表明,相较于地层水中 Mg^{2+} 和 Ca^{2+} 浓度,地层水中 CO_3^{2-} 浓度非常低,因此白云岩化过程为符合质量守恒原理的等摩尔交代作用。

实验室模拟的交代实验可能观察到了真正的等摩尔交代新增孔隙(图 3-12)。反应物为方解石单晶体,反应流体为富 Mg^{2+} 溶液,反应界面从方解石单晶边缘向核心推进,反应产物菱镁矿和白云石微晶从边缘向核心依次出现。扫描电镜下观察到白云石和菱镁矿层带中均发育大量晶间孔，方解石和白云石层带之间的反应前缘始终保持了一层厚度几微米至几百微米的缝隙。这些微晶间孔和反应前缘缝隙可能是等摩尔交代过程中的新增孔隙。然而，在完全白云岩化的实地地层中，由于等摩尔交代过程中方解石完全溶解，而沉淀出的白云石晶形完整，造成这部分新增孔隙无法得到证实。

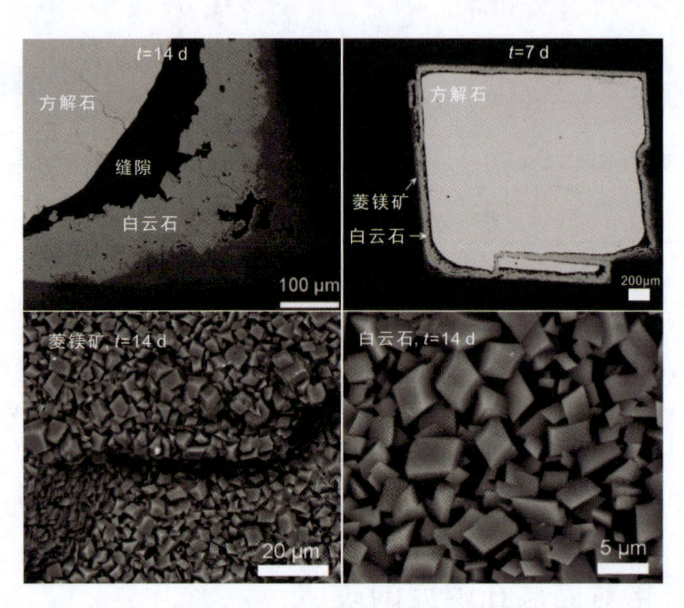

图 3-12　白云石交代方解石实验中观察到的孔隙特征和分布(据 Jonas et al.,2015)

另一种增加孔隙的机理为白云岩化作用晚期，方解石溶解速度大于白云石沉淀速率，导致新增孔隙(Landes, 1960)。现今普遍认为，白云石交代文石或方解石是一种一边溶解一边沉淀的过程(Warren, 2000)。在白云岩化作用的晚期阶段，地层水由于白云岩化流体的影响，可能变得对 $CaCO_3$ 不饱和而对残留的灰岩具有溶解能力，从而形成孔隙(Landes, 1960; Murray, 1960;Machel, 2004)。虽然学者们对残余方解石发生溶解作用的机理论述尚有争论，但均认同该过程属于白云岩化作用的一部分。这种模式被 Landes(1960)用来解释 Michigan 盆地的 Adams、Deep River 油田和 Ohio-Indiana 州的 Trenton 油田白云岩储层中孔隙的成因。基于对灰岩、云质灰岩、灰质云岩和白云岩的结构与孔隙的系统研究，Wendte(2006)认为在多数白云岩化过程早期阶段，原始灰岩颗粒组构的外部首先被交代，组构内部残存的灰质部分在白云岩化过程的晚期阶段被溶蚀，因而形成局限于白云岩颗粒幻影的内部的铸模孔和粒内溶孔。

(2)白云岩化作用不改变储层孔隙度，白云岩化为等体积交代作用。Lucia(1999)通过统计全新世白云岩与灰岩的孔隙发育情况，发现全新世白云岩孔隙度与同时代灰岩孔隙度相等(图 3-13)，在 Bonaire 的上新统—更新统的碳酸盐岩地层中，白云岩的孔隙度甚至(平均值11%)比同时代灰岩的孔隙度(25%)更低,并认为白云岩化过程中并不遵循等摩尔交代而是等体积交代。另外,通过对比不同时代(全新世、更新世、新近纪和侏罗纪)的灰岩与白云岩的孔隙度,Lucia(2004)发现白云岩的孔隙度可能大于、等于或小于同时代灰岩的孔隙度,他认为白云岩孔隙为继承性孔隙,白云岩孔隙发育程度的差异是灰岩原岩的岩石结构和孔隙度、白云岩化的时间、过白云岩化作用以及后期压实作用的共同影响的结果。

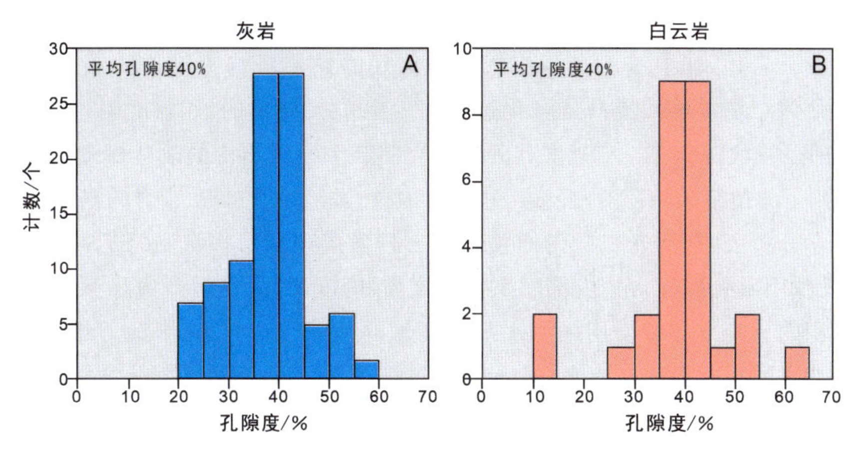

图 3-13 大巴哈马台地新近系灰岩(A,Unda 井和 Clino 井)和中新世白云岩(B,Unda 井)孔隙度分布直方图(Lucia,2004)

(3)白云岩化作用降低了储层孔隙度。白云岩化过程存在 Ca^{2+} 的析出,从而导致流体中 Ca^{2+} 的富集,降低白云岩化流体的 Mg/Ca 比值,不利于反应的进一步的发生。而反应系统中若存在外源 CO_3^{2-} 的加入,则析出的 Ca^{2+} 会直接与溶液中的 Mg^{2+} 和 CO_3^{2-} 结合,形成白云石沉淀,该过程现在普遍被称为过白云岩化作用。另外,高盐度海水作为白云岩化流体时,被置换出的 Ca^{2+} 与海水中 SO_4^{2-} 反应沉淀硬石膏胶结物也是白云岩化过程中破坏孔隙的一种重要方式。因此,交代过程中,额外白云石和硬石膏的沉淀反而可能造成岩石孔隙的减少。

综上所述,白云岩化作用对储层孔隙度的影响可能受控于流体系统中 CO_3^{2-} 供应量的变化而呈现出多样性。当白云岩化作用在相对封闭的环境中进行时,地层水中 CO_3^{2-} 含量较少而外源 CO_3^{2-} 缺乏,白云岩化过程可能以等摩尔交代为主;然而,在开放的成岩环境中,等体积交代可能是一个更普遍的白云岩化机理,此时,白云岩孔隙多继承于原始灰岩孔隙。在白云岩化作用的晚期阶段,方解石可能产生溶解形成孔隙。当方解石全部被交代,但此后仍有 Mg^{2+} 和 CO_3^{2-} 供应时,将发生白云石胶结物的沉淀,减少储层的孔隙。因此,研究白云岩化作用对储层物性的影响,要综合、系统地分析白云岩化之前的原岩的岩石结构和孔隙度、白云岩化发生的环境、白云岩化流体性质,以及白云岩的交代过程等因素。

二、白云岩化对储层孔隙结构的改造

深层优质白云岩储层中白云岩岩石结构通常有3种类型:原岩结构保存的白云岩、原岩结构部分保存的残余结构白云岩和原岩结构完全破坏的晶粒状白云岩(张学丰等,2011)。原始岩石结构的保存或破坏程度主要取决4方面因素:①原岩沉积结构,如泥晶支撑或颗粒支撑(Choquette and Hiatt,2008);②白云岩化之前的成岩作用,如泥晶化作用和环边胶结作用(毕义泉等,2001;黄思静等,2013);③白云岩化作用(Saller and Henderson,1998);④白云岩化之后的成岩改造,如重结晶和热流体改造(Machel,2004)。本书第二章调研结果表明,全球深层优质白云岩储层在海水成岩环境和浅层埋藏成岩环境中全部经历了渗透回流白云岩化和蒸发白云岩化,其中浅水高能相相控型储层的储层段均为渗透回流白云岩化成因。普光气田飞仙关组在渗透回流白云岩化过程中发生了大规模的原岩结构改造,形成了高度发育晶间孔的晶粒状白云岩。本节重点阐述这类储层中原岩结构的改造机理,以及渗透回流白云岩化作用下原始组构保存的白云岩、残余结构白云岩和晶粒状白云岩的空间分布规律。

地球化学分析表明,普光气田飞仙关组白云岩形成于储层段沉积之后的低位期。干旱气候下,蒸发作用导致孤立台地内部海水盐度增加、密度增大,在台地边缘鲕粒滩沉积同时,台地内部沉积的一套厚层膏岩层是海水盐度增加的证据。一方面,台地边缘滩阻滞了开阔海与台地内部之间正常的表层海水交换;另一方面,强沉积水动力和同生岩溶作用在鲕粒滩相和滩后潮坪相中形成的大量粒间孔及铸模孔组成的孔隙网络,提供了卤水侧向和垂向渗流的通道。卤水持续流经这些高渗透性层的同时,也对其进行了白云岩化。随着上覆地层沉积、海平面的升高和古地貌的变化,卤水渗流逐渐减弱,白云岩化作用停止(图3-14)。

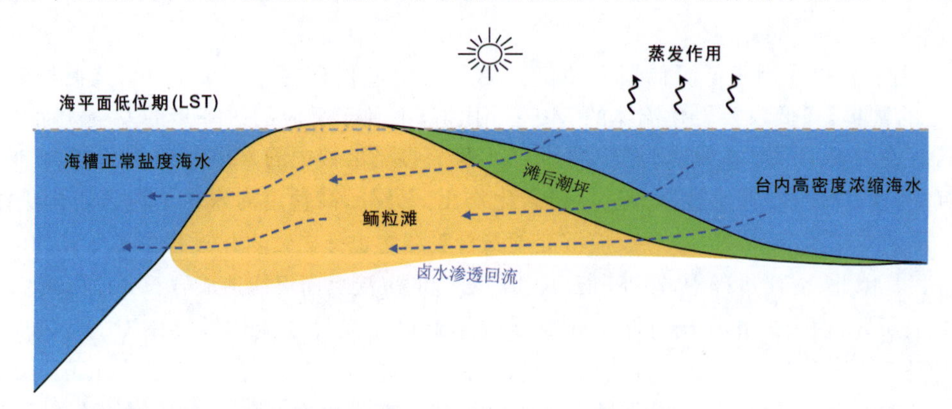

图3-14 宣汉—达县地区鲕粒滩和滩后潮坪白云岩的卤水渗透回流白云岩化模式

岩芯样品的物性测试结果表明,在卤水渗流路径上,白云岩还呈现出差异的白云岩岩石结构和物性特征。以普光气田DW区块为例,靠近卤水源的DW2井鲕粒白云岩平均孔隙度约8%,DW1井鲕粒白云岩平均孔隙度达14%,而靠近海槽的DW102井鲕粒白云岩平均孔隙度2%,未被白云岩化的DW3井灰岩平均孔隙度约2%,可见卤水流动路径的上游(DW2井)和下游(DW102井)白云岩孔隙度较低,而中游(DW1井)白云岩的孔隙度最高。渗透率也具有相似特征,中游(DW1井)白云岩具有最高的渗透率,而上游(DW2井)和下游(DW102井)渗透率与灰岩(DW3井)接近(图3-15)。

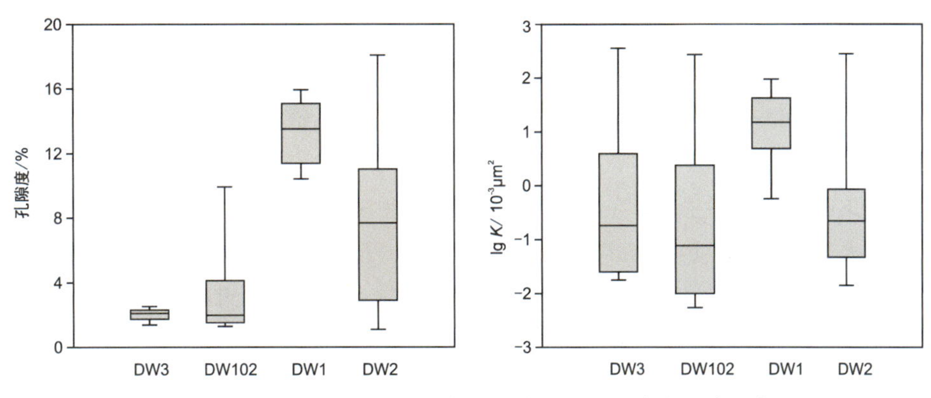

图 3-15 普光气田 DW 地区飞仙关组白云岩段孔隙度和渗透率(K)

DW2 井、DW1 井和 DW102 井取芯段白云岩岩石结构也呈现出明显变化，DW2 井取芯段上部鲕粒被微晶白云石交代而粒间孔充填白云石胶结物；DW2 井取芯段下部鲕粒同样被微晶白云石交代，但无白云石胶结物；DW1 井取芯段鲕粒被粉晶白云石交代，岩石薄片中隐约看到残余鲕粒外形，形成残余结构鲕粒白云岩；DW102 井取芯段为粉—细晶白云石组成的晶粒状白云岩(图 3-16)。

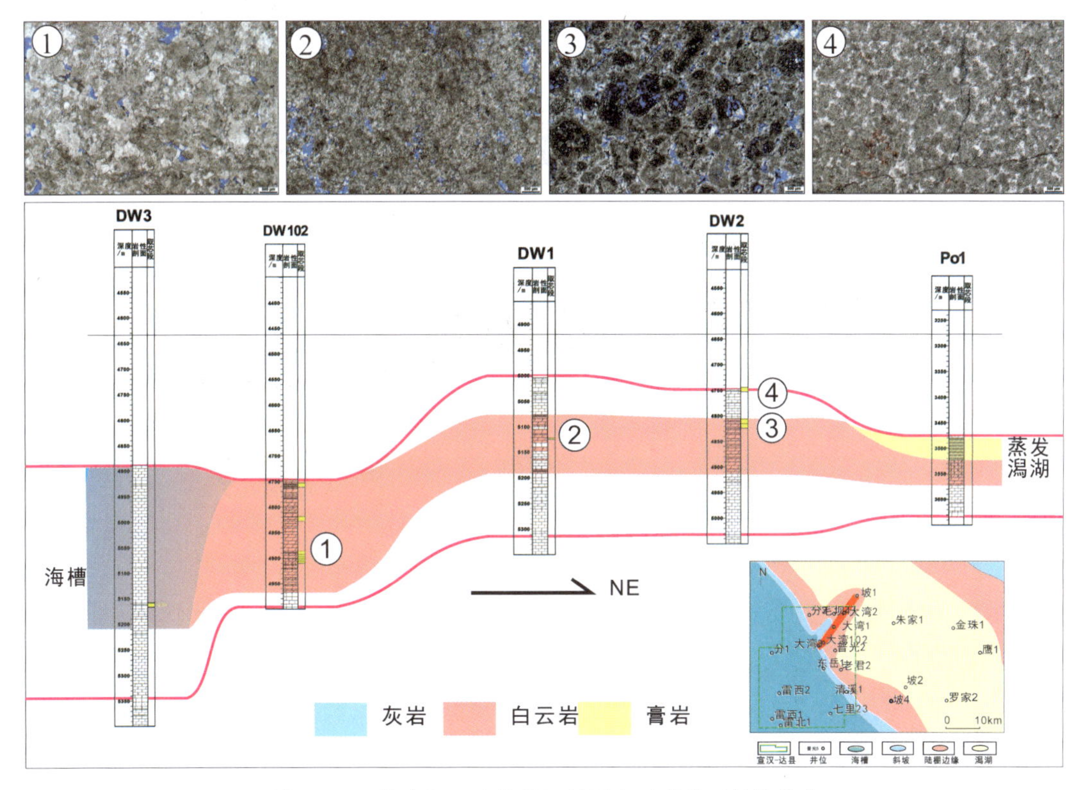

图 3-16 普光气田飞仙关组储层白云岩岩石结构演化

无独有偶，在全球很多白云岩储层和野外露头，均观察到类似的岩石结构分布规律，如 Bonaire 群岛上新统—更新统白云岩露头(Lucia and Major，1994)、美国 Permian 盆地二叠系白云岩储层(Saller and Henderson，1998)、Oklahoma 州 Arkoma 盆地上奥陶统 Bromide 组白云岩储层(Wahlman，2010)、中东 Wafra 油田古新统—始新统 Umm Er Radhuma 组白云岩储层(Saller et al.，2014)。

Saller 和 Henderson(1998)在研究 Permian 盆地 South Cowden 和 North Riley 油田白云岩储层卤水渗透回流成因的鲕粒白云岩中时，建立了相应的卤水回流白云岩体中孔渗分布模式：从台地内部向盆地方向，随着流体浓度降低成核点减少，组成白云岩的基质白云石晶粒逐渐变大；台地内部白云岩由于过白云岩化作用变得致密，而台地边缘鲕粒白云岩未发生过白云岩化作用；同时，由于白云岩具有更强的抗压实压溶的能力，台地边缘鲕粒白云岩中的孔隙得以保存而盆地方向未发生白云岩化的灰岩变得相当致密(图 3-17)。这一规律可能适用于所有渗透回流白云岩化储层的岩石结构和储层物性预测。

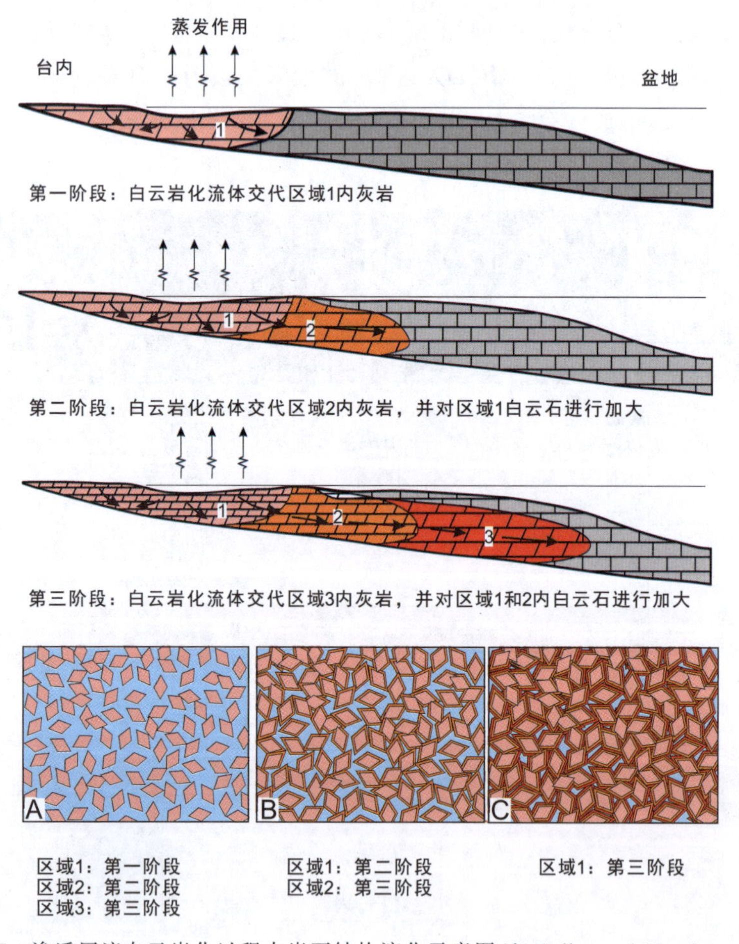

图 3-17　渗透回流白云岩化过程中岩石结构演化示意图(据 Saller and Henderson，1998)

第四章 优质白云岩储层深部保存与改造机理

普遍的勘探实践表明，越古老越深的地层具有越低的储层潜力（Schmoker and Halley，1982；Ehrenberg et al.，2009，2012）。然而部分深埋碳酸盐岩却具有超高孔隙度，成为优质储层。针对这一矛盾，学术界分为两派并争论不止。一派认为深层优质碳酸盐岩储层孔隙主要形成于深部成岩环境，深层环境产生的有机酸、富 CO_2 和 H_2S 流体或断裂流体对先前致密的碳酸盐围岩进行溶蚀产生大量溶孔；另一派认为深层优质碳酸盐岩储层形成于近地表至浅部成岩环境，现今储层中观察到的孔隙大多是浅成孔隙保存的结果，且根据质量守恒原理，深层环境难以满足发生显著溶蚀作用需要的流量。

本书调研了全球 2 种成因类型的 10 个优质白云岩储层，其储集空间几乎完全形成于近地表环境，埋藏成岩环境下的溶蚀作用确有发生，但主要是在近地表形成的孔隙系统基础上进行改善或对现存孔隙结构的调整。另外，Ehrenberg（2006）基于挪威 Finnmark 台地和伊朗 Khuff 组的 2 个深埋碳酸盐岩储层的孔隙度变化规律，认为深埋储层发育机制的关注点应该是孔隙如何保存或破坏，而非孔隙如何形成。这一观点非常符合全球深层优质白云岩储层成岩改造与孔隙演化历史（见本书第二章）。因此本章研究内容既包含了储层深层保存机理，包括白云岩的压溶抗性和早期原油充注对储层的保存作用，又包含了储层深层改造机理，包括盆地内源有机、无机流体和幔源流体对储层的改善或破坏作用。

第一节 压溶作用

一、压溶作用机理

机械压实是浅层埋藏成岩环境的标志性成岩现象，而化学压实是中层埋藏成岩环境的标志。所有类型碳酸盐沉积物和岩石由于浅层埋藏环境的普遍机械压实，颗粒重新排列和破裂、灰泥脱水，孔隙度也随之快速降低；而一旦碳酸盐沉积物被机械压实至一定程度，建立了稳定的颗粒骨架，继续增大的应力作用将增加颗粒接触处的弹性应变，发生压溶作用(Moore and Wade,2013)。实验研究表明，当有效应力达到32MPa，碳酸盐颗粒开始蠕变，压溶作用启动(Croizé et al.,2010)。

碳酸盐岩地层中压溶作用机理在1970年代之前存在两种观点：其一是“压力收缩机理”，即由于应力增加迫使碳酸盐晶体位置调整和重新排列；其二是“压力溶解-沉淀机理”，即在碳酸盐岩埋深过程中，碳酸盐颗粒或晶粒之间弹性应力增大导致碳酸盐溶解度增加，碳酸盐矿物从接触点处溶解并在非接触点处(孔隙)沉淀(Park and Schot,1968)。1970年代之后，压力溶解-沉淀机理逐渐被更多学者接受(Bathurst,1975;Choquette and James,1987)。

压溶的最典型产物是压溶缝合线(Toussaint et al.,2018)。缝合线形成过程的物理模拟和数值模拟结果均表明，缝合线的几何形态记录了化学压实发生的围岩岩性、应力大小、矿物类型等成岩条件(Primio and Leythaeuser,1995; Andrews and Railsback,1997;Ben-Itzhak et al.,2012;Baud et al.,2016)。基于此认识，前人开发出多种精确统计地质实例中缝合线几何参数(厚度、幅度、线密度和地质产状等)的技术，并用于评估古应力大小和压溶强度(Buxton and Sibley,1981;Primio and Leythaeuser,1995;Hassan et al.,2002;Sheppard,2002;Ben-Itzhak et al.,2014;Koehn et al.,2016;Peacock et al.,2017;Humphrey et al.,2020)。

压溶的另一典型产物是碳酸盐胶结物(Bathurst,1975;Coogan and Manus,1975)。大部分学者认为埋藏阶段油气充注之前的碳酸盐胶结物主要来源于化学压实(Choquette and James,1987;Meyers,1974;Moore,1985;Scholle and Halley,1985;Sheppard,2002)。墨西哥湾东北部Mississippi南部上侏罗统Smackover组鲕粒灰岩明显发育两期埋藏方解石胶结物，岩石学特征指示其分别形成于沥青形成之前和沥青形成之后。其中沥青形成之前方解石胶结物$\delta^{13}C$与围岩接近，$\delta^{18}O$比围岩偏负0～4‰，被认为是围岩压溶释放的Ca^{2+}和CO_3^{2-}在地温逐渐升高的埋藏过程中沉淀的产物；而沥青形成之后方解石胶结物由于显著偏负的$\delta^{13}C$，指示其TSR成因(图4-1A，Heydari and Moore,1989)。具有以上岩石学和碳氧同位素特征的压溶成因碳酸盐胶结物同样见于加拿大东海岸东Laurentia地区下奥陶统白云岩(Azomani et al.,2013，图4-1B)、黎巴嫩侏罗系白云岩(Nader et al.,2004，图4-1C)、安岳气田灯影组储层白云岩(Peng et al.,2018;Hu et al.,2019，图4-1D)。

普光气田飞仙关组储层白云岩中发现了与墨西哥湾Smackover组灰岩具有相同岩石学和碳氧同位素特征的两期方解石胶结物(图4-2)，且其微区锶同位素比值与上覆缝合线密集灰岩段一致，指示其分别为沥青形成之前压溶成因方解石和沥青形成之后TSR成因方解石。

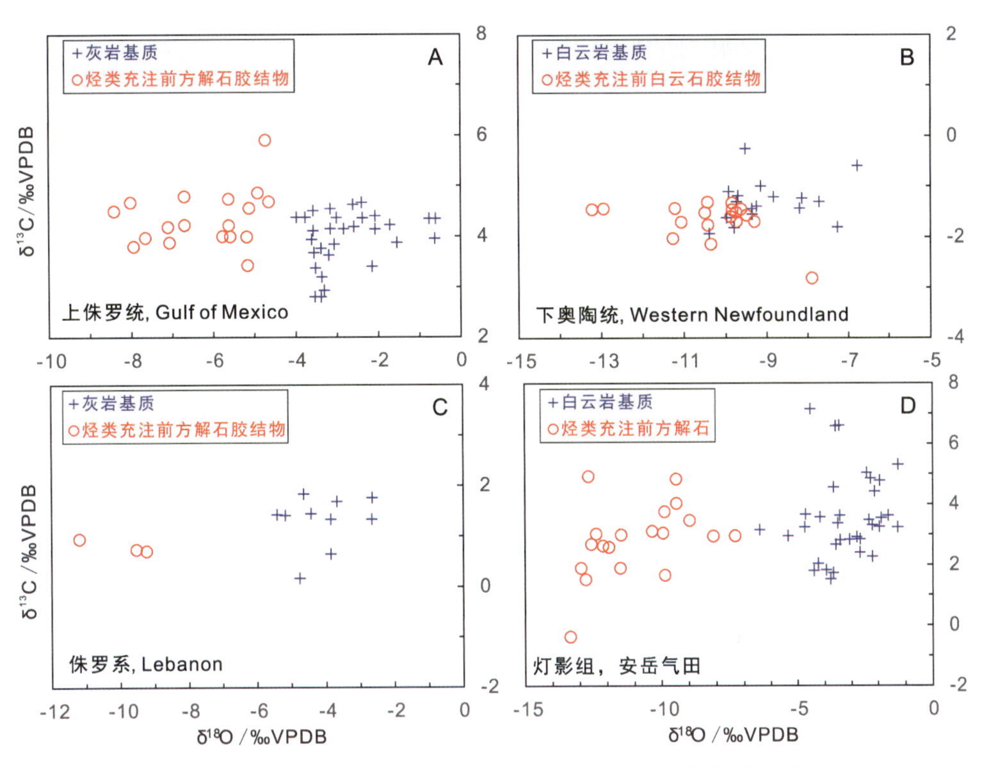

图 4-1 碳酸盐岩地质实例化学压实成因碳酸盐胶结物与围岩碳氧同位素比值

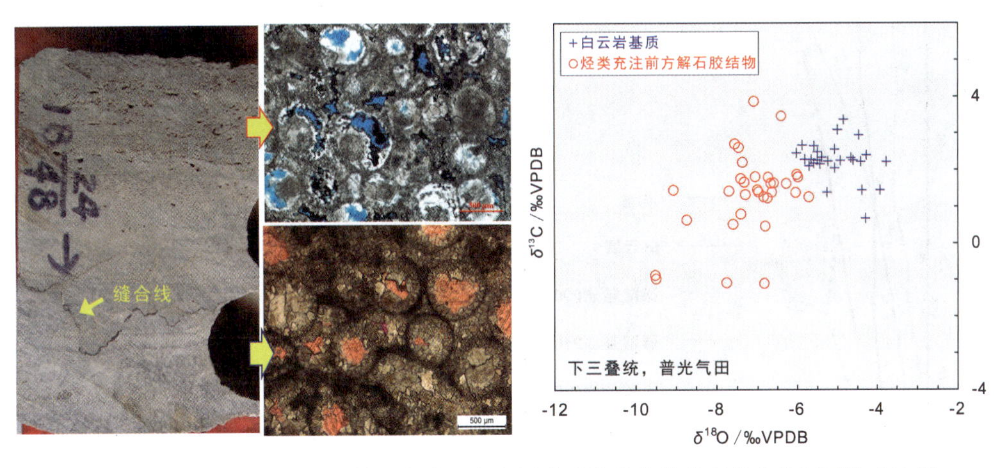

图 4-2 普光气田飞仙关组储层化学压实成因碳酸盐胶结物岩石学和碳氧同位素比值

二、压溶作用的储层改造效应

压溶是碳酸盐岩在埋藏过程中普遍发生的一种成岩作用，也是碳酸盐岩储层最主要的破坏机制之一(Ehrenberg，2006)。基于挪威 Finnmark 台地和伊朗 Khuff 组的 2 个深埋碳酸盐岩储层的孔隙度分布规律，Ehrenberg(2006)认为控制储层孔隙度变化的 3 个主要因素是压溶作用强度、地层泥质含量、硬石膏胶结作用强度。其中，压溶作用不仅在原地导致储层厚度减薄，而且压溶的饱和流体还会再沉淀，间接导致临近地层的孔隙破坏，对碳酸盐岩孔隙度具有致命的破坏性。

South Florida 盆地灰岩与白云岩地层孔隙度的深度演化剖面显示，由于压溶抗性的差别，白云岩地层孔隙度和渗透率降低的速率比灰岩地层慢得多(图 4 - 3，Schmoker and Halley，1982；Ehrenberg et al.，2006)。本书调研的全球深层优质白云岩储层中压溶现象均不显著，未见针对白云岩储层压溶作用的研究，从侧面反映了白云岩的压溶抗性确是一种重要的深层储层保存机制。

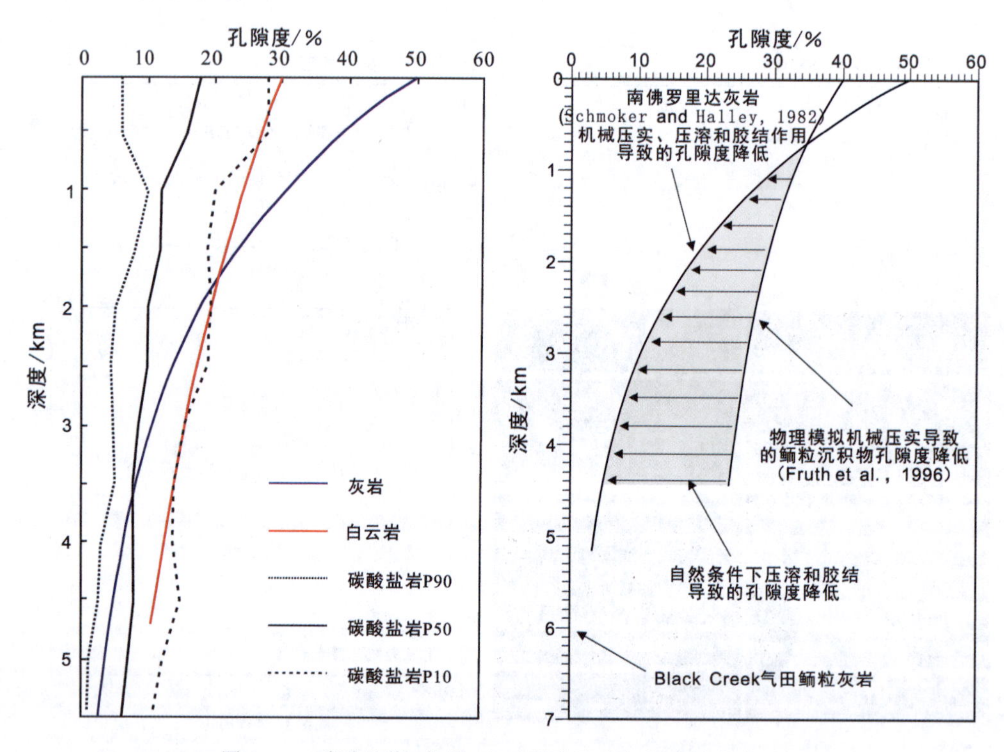

图 4 - 3　碳酸盐岩、灰岩、白云岩孔隙度与深度演化曲线

注：数据来源包括 South Florida 盆地白云岩与灰岩(Schmoker and Halley，1982)、全球碳酸盐岩储层(Ehrenberg and Nadeau，2005)、鲕粒压实实验(Fruth et al.，1966)、Black Creek 油气田 Smackover 组鲕粒灰岩(Heydari，2000)。

Ehrenberg 等(2016)针对阿联酋地区下白垩统 Kharaib 组灰岩储层中压溶作用的研究，进一步揭示了压溶作用通过溶解地层在临近地层的再沉淀对储层孔隙度的破坏效应。研究区 4 口井储层段孔隙和缝合线发育特征表明，距离压溶缝合线越远储层物性越均质、孔隙度越高，而距离压溶缝合线越近，储层非均质性越强，部分储层段孔隙完全丧失(图 4-4)。在油田尺度上，压溶作用造成了背斜顶部和翼部的物性差异。相同沉积环境和成岩改造背景下，背斜顶部由于原油充注的保护而免受压溶作用的破坏，而背斜翼部由于在原油充注之后仍处于底水层而遭受持续的压溶，经计算，储层孔隙度破坏量等于压溶地层的减薄量，揭示了灰岩地层中压溶溶出物质的就近沉淀特征。

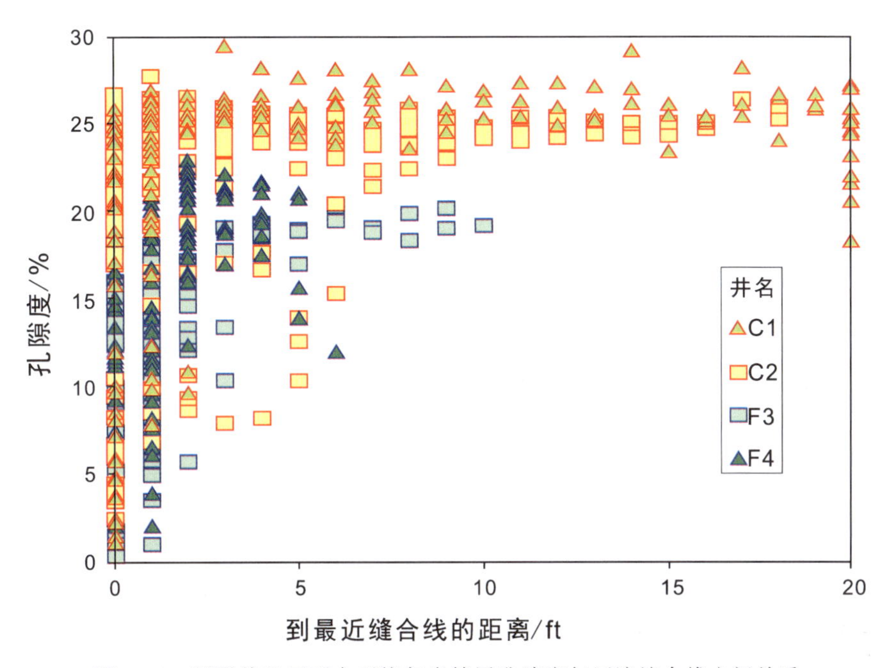

图 4-4 阿联酋地区下白垩统灰岩储层孔隙度与压溶缝合线之间关系

Heydari (2000)报道了一个深层灰岩地层中压溶减孔效应的经典研究案例：通过比较纯机械压实造成的鲕粒灰岩孔隙度降低趋势与机械压实和化学压实造成的鲕粒灰岩孔隙度降低趋势，发现化学压实的减孔效应随埋深逐渐增加，在 4000m 深度处化学压实已造成了孔隙度至少降低 20%，到 6000m 深度处化学压实使墨西哥湾 Black Creek 气田 Smackover 组鲕粒灰岩段孔隙度降低到 0，其中压溶与方解石胶结作用分别造成了孔隙度降低 15%和 12%(图 4-5)。而同在墨西哥湾，压溶作用强度很弱的 Smackover 组鲕粒白云岩发育了世界级储量的天然气储层(Prather，1992；Kopaska-Merkel et al.，1994)。

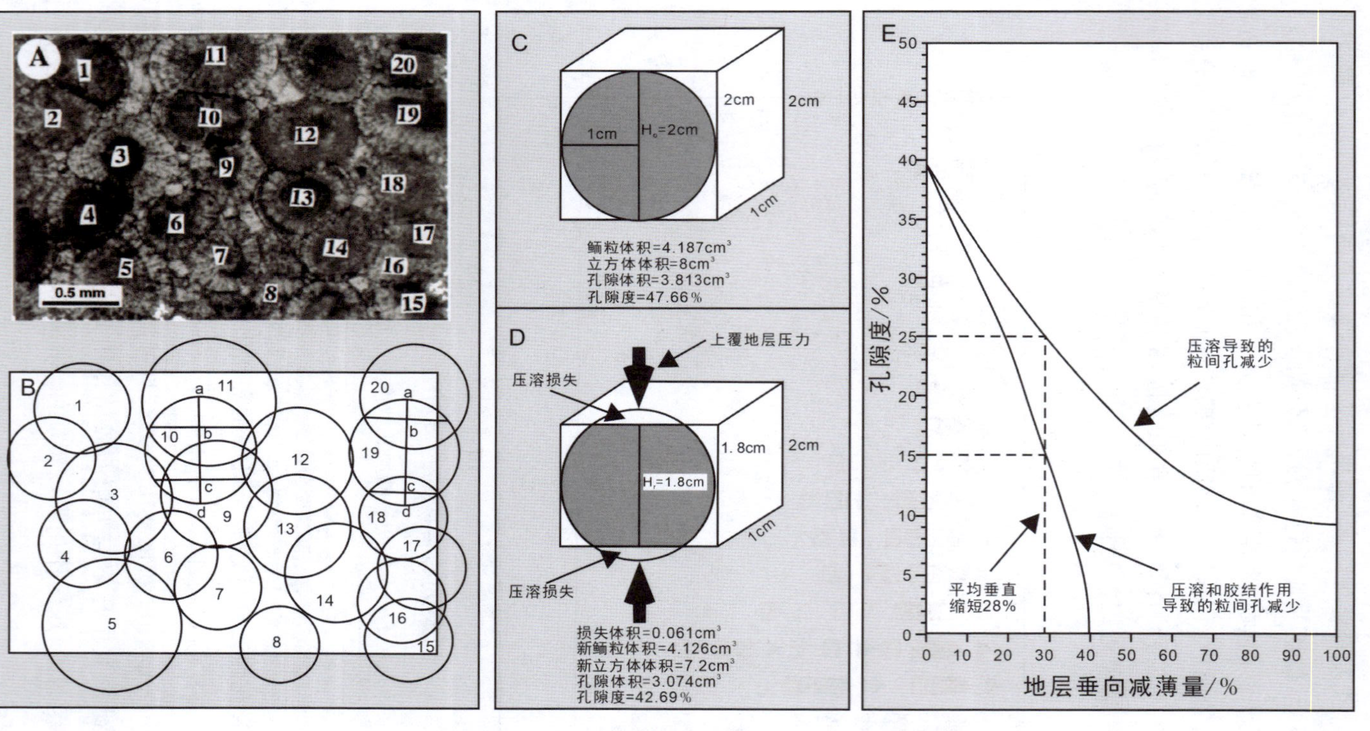

图 4-5 Smackover 组深层灰岩段压溶的储层物性破坏程度

注：B 中的数字对应 A 图中的鲕粒编号。

普光气田飞仙关组白云岩最大埋深超过8000m，最高地温达220℃，在如此深埋条件下仍发育孔隙度高达22%的优质储层(Hao et al.，2008)。与之具有相似沉积环境和埋藏成岩过程的元坝气田飞仙关组鲕粒灰岩地层却未发育优质储层。Zhang等(2013)定量统计了两个地区飞仙关组灰岩段与白云岩段压溶缝合线的数量，发现鲕粒灰岩中缝合线数量明显高于白云岩，即灰岩中化学压实强度高于白云岩，与之对应的是，鲕粒灰岩中几乎不存在孔隙，而鲕粒白云岩中孔隙度高达25%(图4-6)。另外，岩石学观察发现，现今鲕粒灰岩缝合线极其发育，而鲕粒白云岩缝合线不发育，鲕粒的压扁变形不明显，表明这些鲕粒在大规模压实、压溶之前就已白云岩化了。据此得出重要结论，正是白云岩作为岩石格架，从而较好地抑制和减弱了压溶作用对储层的破坏。

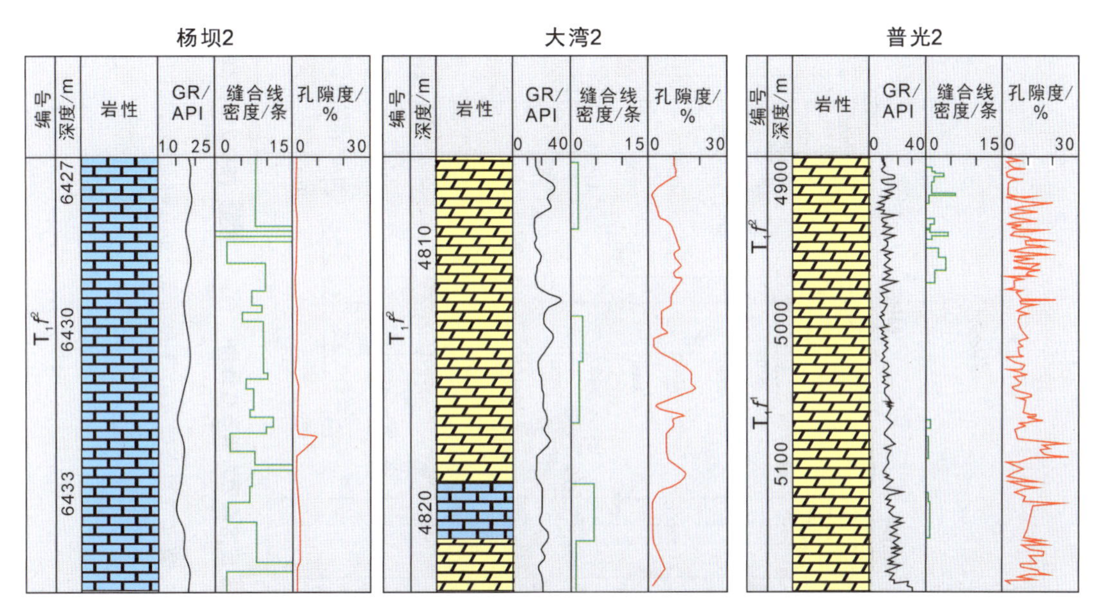

图4-6　四川盆地东北部元坝气田飞仙关组灰岩非储层与普光气田飞仙关组白云岩储层缝合线发育特征对比(据Zhang et al.，2013)

普光气田白云岩储层的研究中发现了上覆泥质灰岩地层压溶对下伏白云岩储层的影响。7口取芯井(DW2、DW102、MB4、MB6、PG2、PG11和PG12)中两种方解石的空间分布显示压溶成因方解石主要分布于白云岩储层段的上部(图4-7)，指示了方解石沉淀流体来源于上覆非储层段灰岩的压溶流体迁移。这一分布规律与阿联酋地区下白垩统灰岩地层中压溶溶质迁移、再胶结的认识不谋而合。

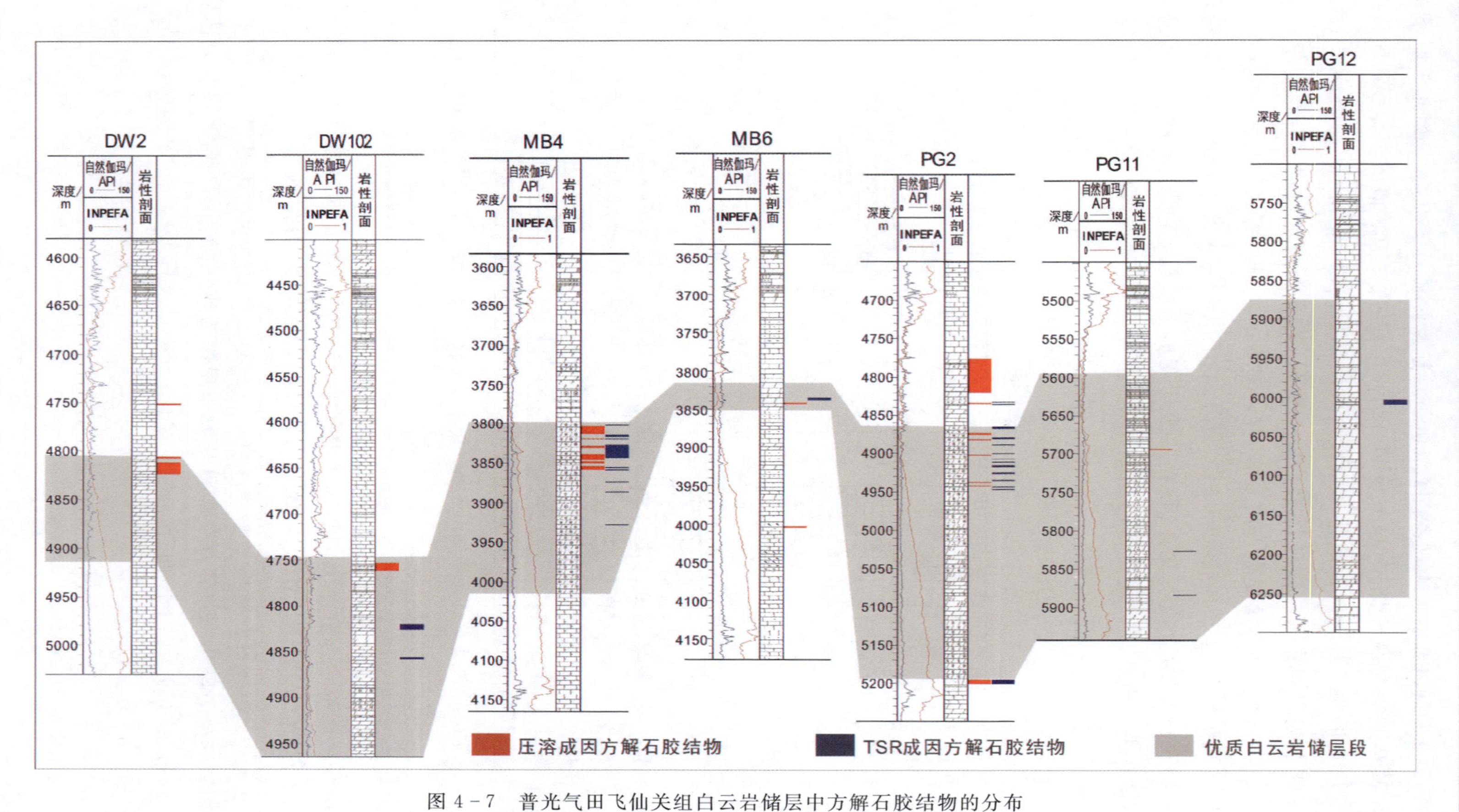

图 4-7 普光气田飞仙关组白云岩储层中方解石胶结物的分布

三、白云岩压溶作用深度范围

关于白云岩压溶抗性的另一个重要问题是白云岩中压溶作用的深度范围。理论上，压溶作用始于沉积物被机械压实完全固结之后，随着应力增加，一直持续到变质领域，因此在埋藏过程中白云岩的压溶作用一定会发生（Choquette and James，1987）。故压溶强度随埋藏深度的变化规律成为白云岩压溶抗性的另一个重要科学问题。这一问题的答案有 3 种可能的情况：①压溶强度随着埋深保持不变，一直持续到变质领域，即白云岩始终保持高压溶抗性；②压溶强度在浅层最小，随着埋深逐渐增大，意味着显著的白云岩压溶改造没有终止深度；③压溶强度在浅层最大，随着埋深反而降低，意味着显著的白云岩压溶改造存在终止深度。这一科学问题的答案对于深层碳酸盐岩储层勘探意义重大。

Moore 和 Wade (2013)综述了前人压溶研究成果，总结出碳酸盐岩中压溶的控制因素有埋藏深度、沉积物矿物类型（文石、方解石或白云石）、孔隙流体性质（淡水、热液或原油）、孔隙流体压力、非碳酸盐矿物组分含量（黏土矿物、有机质或石英等）、地层温度、围岩岩性（生物礁建造、颗粒岩、泥粒岩或粒泥岩）、构造应力等。以上因素可归纳为地层岩性和岩石结构、地层流体性质和压力、构造应力场、地温场 4 个方面，在具体的地质实例中，这些控制因素单独或组合起作用，导致不同研究区压溶的持续深度范围有显著差异。

前人基于埋藏较浅的新生代碳酸盐岩岩石学和地层学证据，对压溶的启动深度已开展了大量研究。Machel (2005)的综述中提出碳酸盐岩中化学压实一般开始于机械压实末期，200～300m 埋深，而明显的压溶缝合线形成于约 500m 埋深。Moore 和 Wade (2013)的综述中总结碳酸盐岩的化学压实发生在机械压实完成之后，其启动深度一般在 600～1500m 范围内。

对于深层和超深层碳酸盐岩，讨论压溶作用的终止深度和抑制因素更有意义，但目前为止相关研究较少。Park 和 Schot (1968)利用“压力收缩机理”解释北美碳酸盐岩中缝合线和方解石胶结物的岩石学成岩特征，认为化学压实作用终止于孔隙空间被方解石胶结物完全充填。Morad 等(2018)通过化学压实成因方解石胶结物的包裹体均一温度和荧光特征，揭示出 Abu Dhabi 地区上侏罗统产气层中化学压实的终止深度为 1700m，在埋深至 1700m 时烃类侵入终止了化学压实，而在产水层中化学压实持续至今(3600m)，体现了烃类充注对化学压实的抑制作用。Beaudoin 等(2020)利用压溶成因方解石的 U－Pb 年龄数据，结合研究区埋藏史，把美国 Wyoming 州 Bighorn 盆地 Madison 组和 Bighorn 组两套碳酸盐岩地层的压溶作用终止深度约束在 1600m，表明压溶并未持续到最大埋深(3500～4000m)，而是因应力方向变化而终止（图 4－8）。

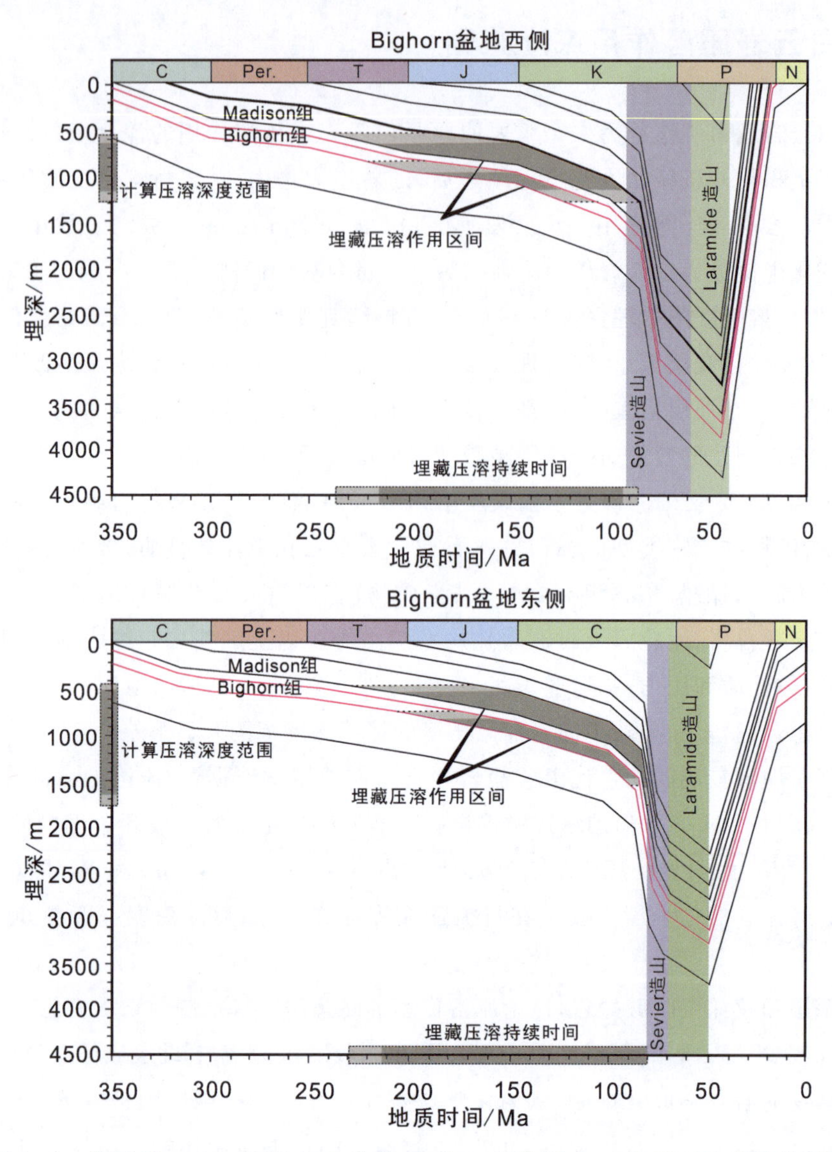

图 4-8 美国 Wyoming 州 Bighorn 盆地 Madison 组和 Bighorn 组 U-Pb 年龄约束的压溶作用深度范围(据 Beaudoin et al.,2020)

第二节 盆地无机流体改造

Davies 和 Smith(2006)关于构造控制型热液白云岩储层的综述提供了一种可能普遍存在于非近地表环境的储层形成机理,为深层发育优质白云岩储层提供了一种可能性,因而掀起了一波持续至今的热液白云岩(HTD)和热液白云岩储层的浪潮(Dong et al.,2017;Hirani et al.,2018)。在西加盆地、美国东部 Michigan 和 Appalachian 盆地发现的大量油气田属于 HTD 储层。然而 HTD 沉淀的机理之一是断层幕式开启时热液流体瞬间的压力降低导致热流体沸腾(释放 CO_2),能持续沸腾形成规模化热液矿物系统的环境一般在地球表层 1~2km 深度范围内,大多在 500m 范围内。这一深度范围的储层还未充注原油,处于浅—中层埋藏成岩环境,所形成的 HTD 储层仍需在中深层—深层埋藏成岩环境中持续保存才能发育成为真正的深层优质白云岩储层。

本书列举的 10 个深层优质白云岩储层案例中,仅表生岩溶控制型储层 Delaware 盆地 Ellenburger 群和 Anadarko 盆地 Arbuckle 群发生了热流体活动,构造作用形成的水头差和断裂裂缝与高渗透性层组成的开放系统构成了可供热流体活跃活动的水文格架。而另外 8 个相控型优质白云岩储层,在埋藏的大部分时间内是封闭体系,未出现明显的热流体活动。因此开放体系是白云岩储层中发生盆地无机流体活动并被显著改造的先决条件。

(一)Anadarko 盆地 Arbuckle 群盆地无机流体改造

两期构造运动和热流体性质的演化把 Anadarko 盆地 Arbuckle 群热流体活动及其储层改造效应分成明显的 3 个阶段。第一阶段发生在晚石炭世,代表性成岩矿物是高盐度的显晶质石英,代表了地层内部卤水活动,流体活动可能是 Acadian 造山运动产生的裂缝造成盆地卤水从高压地层向 Arbuckle 群排放。由于流体流量有限,显晶质石英胶结物对储层孔隙的充填程度有限,Arbuckle 群地层水保持高盐度(图 4-9A)。第二阶段发生在晚石炭世晚期—早二叠世,Alleghenian 造山运动和 Ouachita 造山运动导致了 Amarillo-Wichita 隆起和 Anadarko 盆地前陆地区快速沉降,在 Wichita 山脉形成高水头。地表淡水在水头差的驱动下从 Wichita 山脉沿地下裂缝和渗透层向北流动,由于地表淡水的输入,地层水盐度快速降低,在 Arbuckle 群中形成低盐度的第二期显晶质石英胶结物,同时可能在表生岩溶洞穴喀斯特系统基础上叠加了一期热流体溶蚀(图 4-9B)。第三阶段发生在中二叠世,Wichita 山脉和前陆盆地的持续沉降,高盐度的二叠系表层海水在水头差的驱动下沿裂缝和渗透层流动,使得地层水盐度再次升高,并沉淀了晚期高盐度白云石胶结物(图 4-9C)。从晚石炭世至中二叠世约 60Ma 时间内,构造作用产生的水头差始终为地表水的深循环提供动力,造山运动产生的裂缝和 Arbuckle 本身作为高渗透性层提供了通畅的水文格架,这两点导致了 Arbuckle 群发生了活跃的盆地无机流体改造和复杂的成岩改造历史。

(二)Delaware 盆地 Ellenburger 群盆地无机流体改造

Delaware 盆地 Ellenburger 群储层段鞍形白云石记录了埋藏环境下的盆地卤水活动(图 4-10)。鞍形白云石分为两种产状:一种是角砾内部交代成因的鞍形白云石,交代对象可能是近地表形成的白云石,也可能是近地表未被白云岩化的灰质角砾;另一种是充填孔洞的胶结物。流体可能来源于 Ouachita 造山运动期间在逆冲推覆作用下从盆地页岩中排出的酸

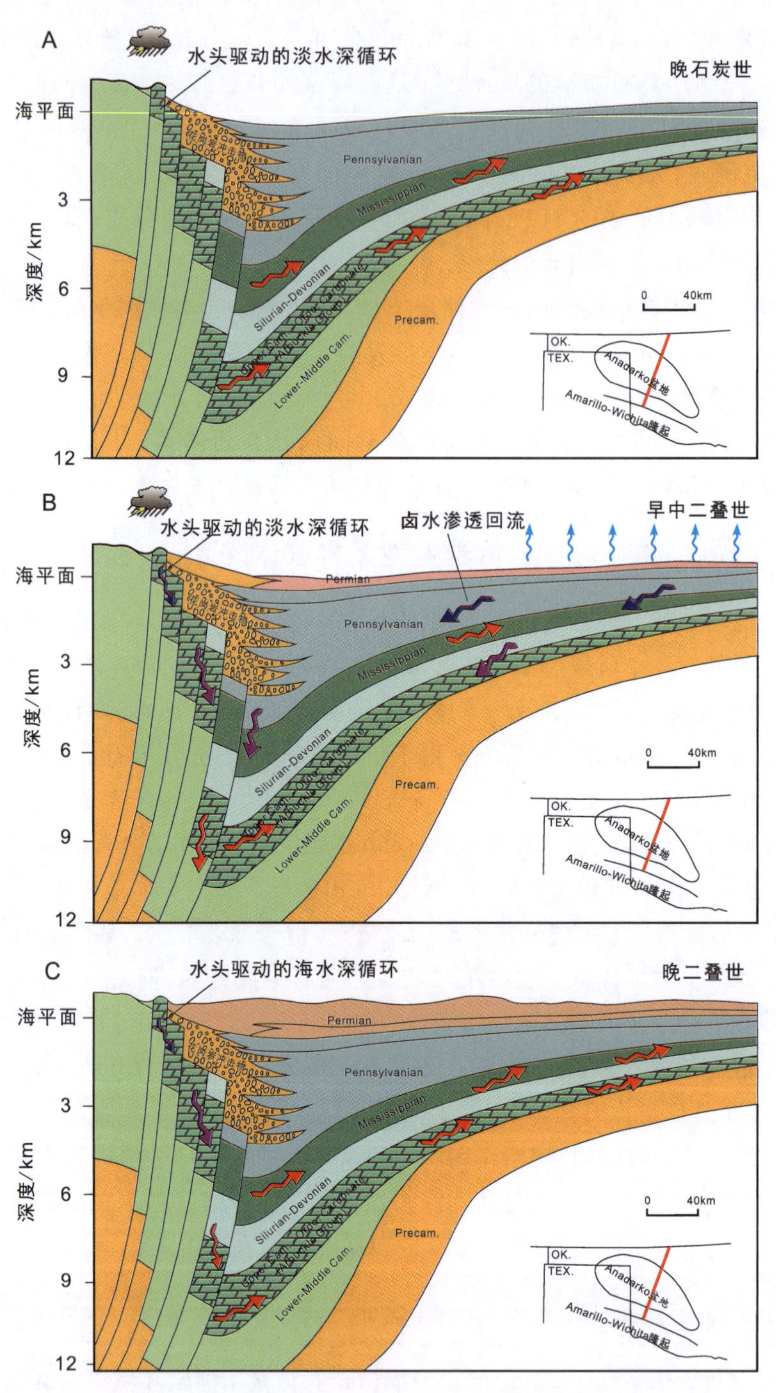

图4-9 Anadarko盆地Arbuckle群在埋藏成岩阶段热流体活动样式

（据King and Goldstein，2018）

性流体，从逆冲前缘的褶皱带向新墨西哥州方向流动，流经高渗透性的 Bliss 砂岩含水层、Ellenburger 群底部的长石砂岩、Ellenburger 群古岩溶洞穴及其垮塌角砾岩组成的高渗透性层。盆地尺度内鞍状白云石胶结物的 $\delta^{18}O$ 值变化趋势记录了这期流体流动路径，从 Ouachita 逆冲前缘向新墨西哥州，$\delta^{18}O$ 值由 −9‰PDB 渐变至 −5‰PDB(Kupecz and Land，1991)。鞍形白云石胶结物的存在指示了流体对白云石过饱和，但部分早期成因自形白云石晶体被溶蚀的现象又指示了这期流体可能为酸性。这种矛盾可能是由于流体自身性质在流经 Ellenburger 群时也在动态变化，因此这期流体对储层的整体改造效应也很难评价。

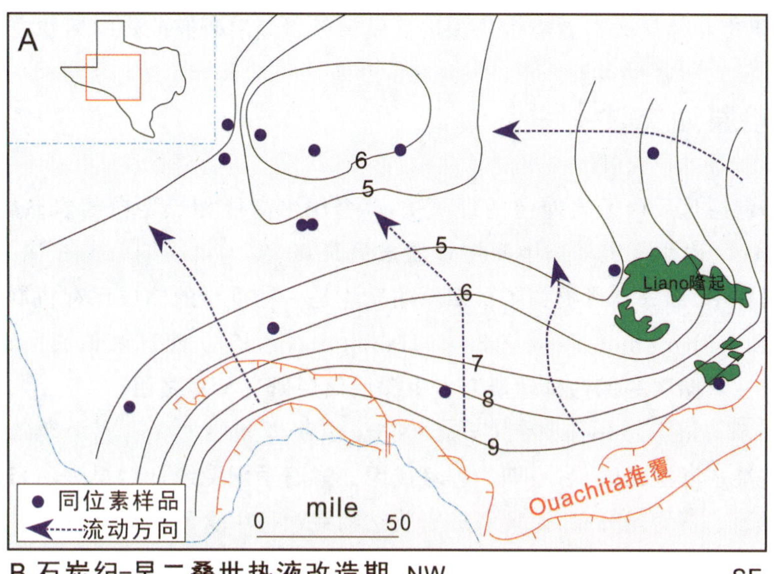

B.石炭纪-早二叠世热液改造期 NW SE

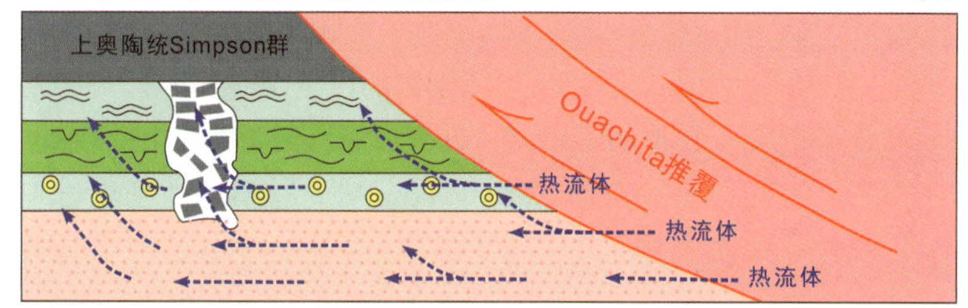

图 4-10 Delaware 盆地 Ellenburger 群在埋藏成岩阶段热流体活动样式

(据 Loucks，2003)

① 1mi=1.61km。

第三节　烃类相关流体改造

原油和天然气充注分别是本书成岩环境划分方案中深层和深层埋藏成岩环境的标志。原油早期充注被普遍认为是碳酸盐岩储层的一种重要保存机制。干酪根成熟过程中释放有机酸对碳酸盐矿物有侵蚀性，被认为是一种常见的深层孔隙形成机制。地层温度升高至一定程度，烃类与硫酸根粒子之间的TSR反应是中深层—深层埋藏成岩环境的特有成岩作用类型，其反应机理和储层改造效应也是深层优质白云岩储层研究的热门话题之一。

一、早期原油充注

根据全球深层优质白云岩储层的埋藏史，7个浅水高能相控型白云岩储层均在开始埋藏之后的30Ma之内快速沉降至中深层埋藏成岩环境，发生第一期原油充注。在针对这些储层开展的研究中，部分学者提到了早期原油充注是一种重要的储层保存机制，但未提供详细论证过程(Ehrenberg and Nadeau，2005；Hao et al.，2015)。全球其他浅层碳酸盐岩储层中早期原油充注对储层的保存机理研究可供深层储层研究参考之用。

英国南部Weald盆地中侏罗统Great Oolite组灰岩储层主要发育两期碳酸盐胶结物，一期为近地表淡水淋滤成因，另一期为埋藏成因。岩石学图像统计结果表明，近地表成因胶结物在油水界面上下均匀分布，而埋藏成因胶结物在油柱中含量很低，而向下穿越油水界面之后含量大幅增加。另外，埋藏溶蚀作用形成的微孔主要在水层中发育而油柱中完全缺失(图4-11)。这种油水界面附近胶结和溶蚀现象的差异显然指示了原油充注对油柱中层埋藏成岩作用的抑制，而在水层中埋藏成岩作用不受影响(Heasley et al.，2000)。

阿联酋Abu Dhabi地区下白垩统Kharaib组碳酸盐岩储层处于中层埋藏成岩环境至中深层埋藏成岩环境，原油充注于地层埋深约1000m处，之后继续埋藏至现今最大埋深(2000～3000m)，是一个研究原油充注保存作用的理想对象。钻井揭示了油水界面的分布，原油充注于背斜圈闭顶部，背斜翼部始终处于含水层(图4-12)。相同的沉积环境和埋藏成岩过程，致原油充注之前背斜顶部和翼部具有相同的孔隙演化历史。原油充注之后，油柱和水层中的成岩强度开始发生分异。水层中粗晶粒方解石胶结物的岩石学、包裹体均以温度、氧同位素特征均指示其埋藏环境胶结物，且极有可能是压溶成因，而油柱中并不发育这一期方解石胶结物。利用大量地层孔隙度数据，可分别建立油柱和水层中孔隙度随埋深演化曲线(图4-13)，两条曲线之间的差值即反映了压溶作用导致的储层破坏作用(Neilson et al.，1998)。

以上两个案例足以证明：原油充注对灰岩储层具有保存作用，且原油充注若发生在大规模储层破坏作用(如压溶作用)之前，则更有利于灰岩储层的保存；油水界面附近是观察到油

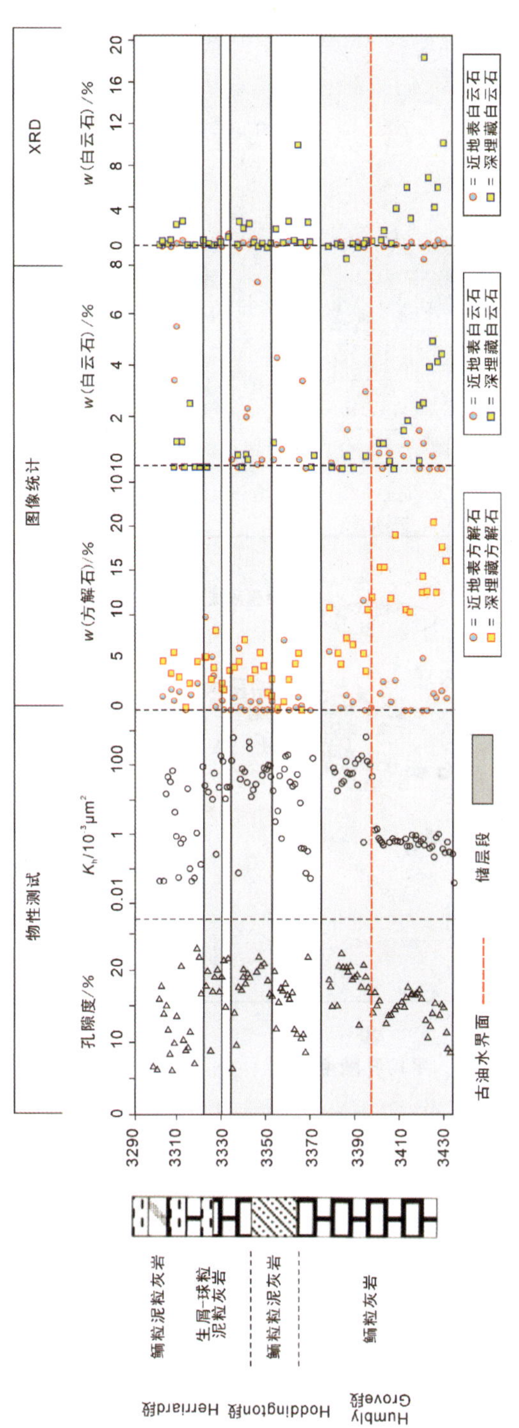

图 4-11 英国 Humbly 油田中侏罗统 Great Oolite 组油水界面附近物性与孔隙胶结物含量分布图

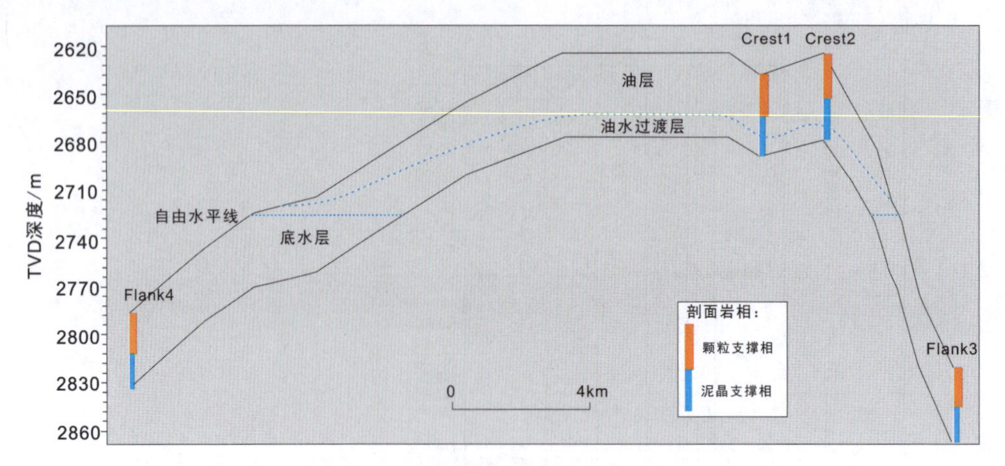

图 4-12 阿联酋 Abu Dhabi 地区某背斜圈闭油水分布示意图(据 Ehrenberg et al.,2016)

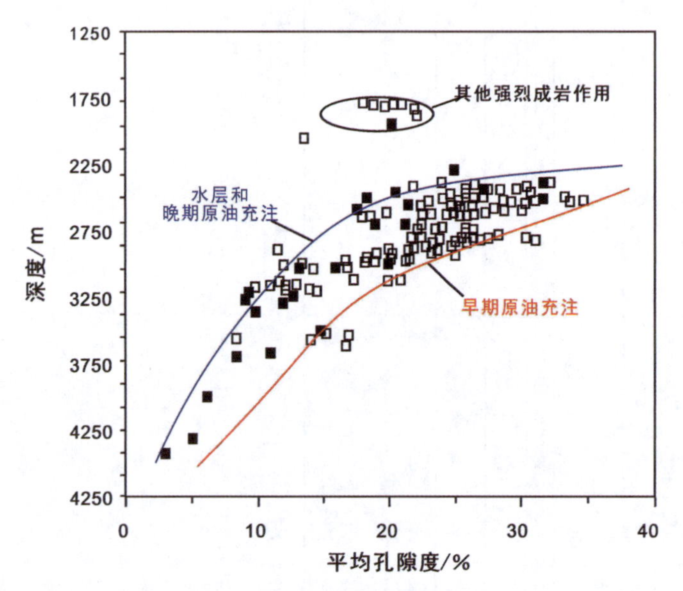

图 4-13 阿联酋 Abu Dhabi 地区下白垩统灰岩储层中油柱和水层孔隙度差异

(据 Neilson et al.,1998 修改)

柱和水层差异保存作用的理想对象。但未见深层白云岩储层的相关报道,原因可能包括以下两点:①现今深层优质白云岩储层储存的烃类几乎全部是天然气,即使有早期原油充注,古油藏也已经裂解成为气藏,古油水界面位置难以确定;②原油充注对方解石或灰岩相关的成岩作用具有很强的抑制作用,而对白云石和石英等矿物相关成岩作用的抑制作用较弱(Neilson and Oxtoby,2008)。

二、有机酸溶蚀

有机酸的形成与地层温度密切相关。随着埋深和地层温度的升高，当有机质成熟度达到0.55%时，开始产生CO_2和有机酸；当有机质成熟度达到1%时，有机酸的生成量达到高峰，直至有机质成熟度升高至2.5%，有机质过成熟生烃结束，有机酸不再生成（图4-14）。有机质成熟释放的有机酸是沉积盆地地下普遍存在的一种酸性流体，因此被频繁用来解释碳酸盐岩地层中的埋藏溶蚀现象（Mazzullo and Harris，1992）。

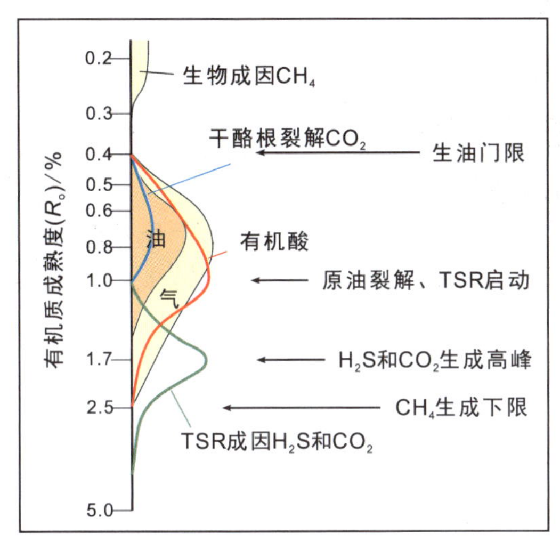

图4-14 有机质成熟过程中释放的有机流体及其演化过程示意图

（据 Mazzullo and Harris，1992；Heydari，1997）

与其他埋藏环境溶蚀流体一样，有机酸溶蚀也面临着对其溶蚀规模的质疑。Ehrenberg等（2012）根据质量平衡计算和碳酸盐矿物快速的化学动力学特征，认为有机酸在烃源岩内部、运移至储层的路径上或一进入碳酸盐岩储层之时就会被快速消耗，以至于碳酸盐岩储层内部几乎不可能发生明显的溶蚀作用；但与此同时，一种有机酸溶蚀机制的猜想也被他们提出，即有机酸溶于原油中运移，随原油充注进入储层后被释放到地层水进行溶蚀。在全球深层优质白云岩储层案例中，四川盆地灯影组的埋藏溶蚀可能符合这种机制。

四川盆地北部野外完整出露的灯影组为安岳气田埋藏溶蚀现象提供了参考。灯影组埋藏胶结物主要有两种，即白云石胶结物和石英胶结物。根据埋藏白云石胶结物的溶解边缘（图4-15 A、B），推断溶蚀作用发生埋藏白云石沉淀之后。根据与固体沥青的共生关系，石英胶结物形成于固体沥青的同时或之后（图4-15 C、D）。白云石和石英胶结物也有不同的包裹体均一温度范围。白云石胶结物的均一温度低于160℃，大部分数据低于110℃；石英胶结物的均一温度高于100℃，主要在110～150℃之间（图4-16）。

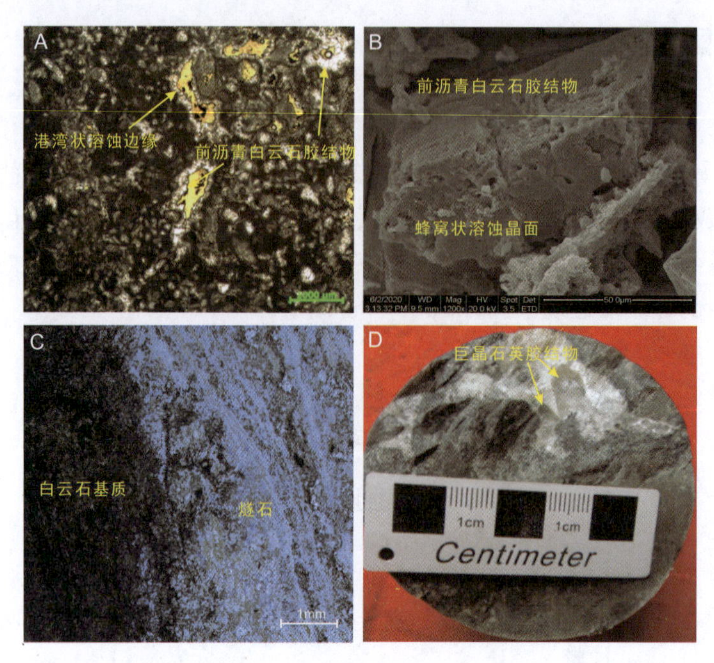

图 4-15　四川盆地灯影组埋藏溶蚀相关现象

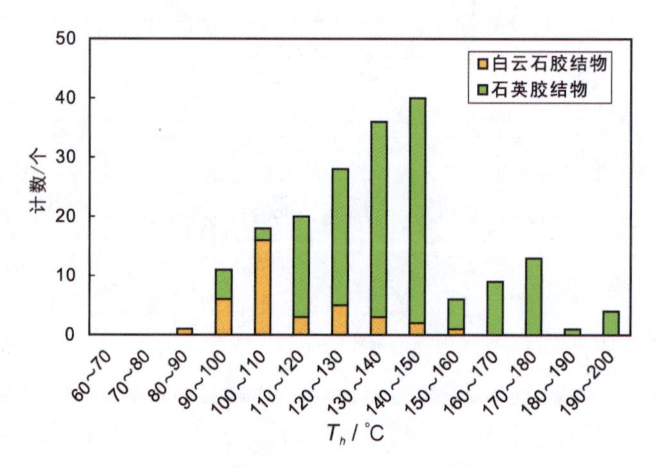

图 4-16　灯影组埋藏白云石和石英胶结物包裹体均一温度

据岩石学观察，灯影组埋藏成因溶孔主要分布在储层段下部，而原生孔隙(包括微生物骨架孔和粒间孔)分布于储层段中上部(图 4-17)。所有孔隙均含有固体沥青，特别是中上部沥青含量较高，下部沥青含量较少。据此判断古油藏油水分布关系：中上部为油柱，下部为油水混合带。埋藏溶孔主要赋存于藻屑白云岩和藻纹状白云岩两种岩相中。无埋藏溶孔层段的以上两种岩相孔隙不发育，而发育埋藏溶孔的相同岩相的孔隙度明显较高。

碳酸盐岩地层埋藏溶蚀作用通常是酸性流体侵入的结果。而碳酸盐岩地层中石英的沉淀也需要地层水酸度升高。石英胶结物分布在灯影组储层段中上部。值得注意的是，厚度 30m 的埋藏溶孔层出现在石英胶结物层正下方(图 4－17)。

石英胶结作用是灯影组白云岩储层另一种具有显著储层改造效应的深层水-岩相互作用产物。海相地层燧石结核和燧石条带一般是同沉积期从海水中沉淀出来的，而埋藏石英胶结物具有与灯影组底部燧石相似的 δ^{30}Si 范围，表明富硅流体并非外源(马文辛，2011)。事实上，灯影组底部硅质结核和硅质条带证实了先前研究提出的埃迪卡拉纪富 Si 海水(Maliva et al.，2005)，石英胶结物的硅质很可能源自地层水。在碳酸盐岩层系含硅地层水中，酸性的增强促进石英的沉淀，而石英沉淀反过来消耗 H^+(Heydari，1997)，因此石英胶结物的沉淀是一种能够调节地层水酸碱度的负反馈机制。如果酸性流体不被石英胶结物等非碳酸盐矿物中和，酸性的积累将导致碳酸盐矿物的溶解。灯影组石英胶结物与埋藏溶孔的空间分布关系，可能证实了 Ehrenberg 等(2012)提出的有机酸溶蚀机制猜想。在原油充注的早期阶段，有机酸(脂肪酸或羧化聚合物)溶解在原油中，从上覆的下寒武统页岩侵入灯影组高孔白云岩，随后有机酸被释放到地层水。由于地层水富含硅，有机酸首先造成石英胶结。随着原油的不断侵位，孔隙表面由水湿转变为油湿，毛管力的不断增大导致含水饱和度进一步降低，最终终止了水-岩相互作用。因此，在油柱中没有发生埋藏溶蚀。当原油充注结束，原油充注前缘停止在灯影组下部，致其长期处于油水过渡带的油水混合湿润状态。石英胶结后，有机酸继续释放到地层水中，在油水过渡带形成埋藏溶孔(图 4－18)。

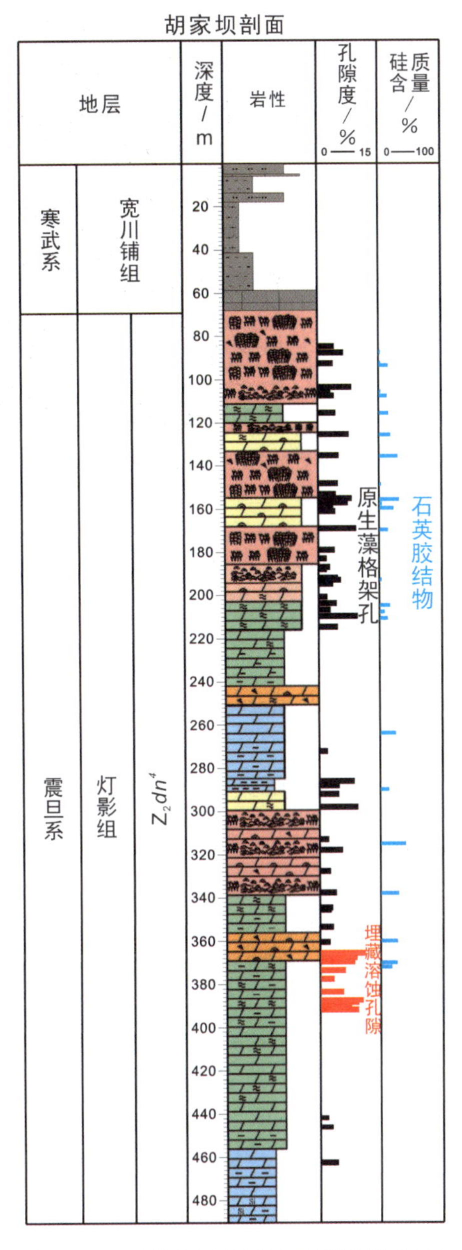

图 4－17　四川盆地北部胡家坝剖面灯影组孔隙类型与石英胶结物分布柱状图

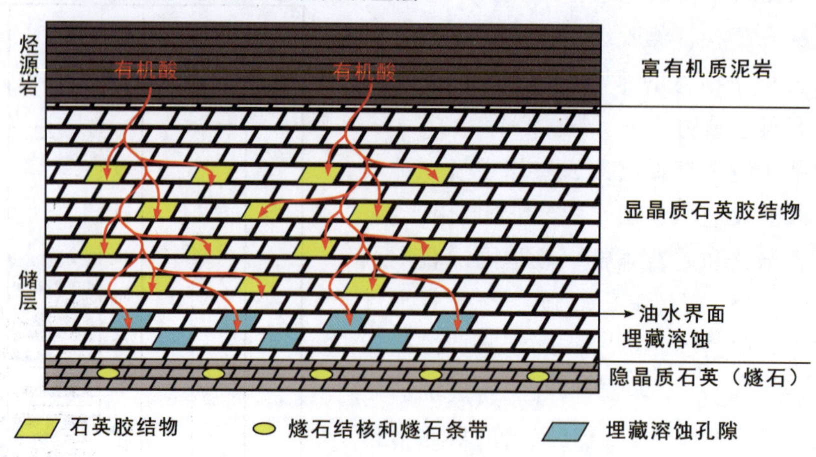

图 4-18　灯影组有机酸埋藏溶蚀模式

三、热化学硫酸盐还原反应

热化学硫酸盐还原反应(TSR)是烃类有机流体与 SO_4^{2-} 之间发生的一种氧化还原反应。由于大规模白云岩常形成于蒸发性海水流体，其饱含 SO_4^{2-} 的特征结合深层高温条件，使得 TSR 作用成为白云岩储层在进入深层领域之后普遍发生的一种成岩作用类型。在全球深层优质白云岩储层中，四川盆地普光气田飞仙关组和元坝气田长兴组、墨西哥湾盆地 Smackover 组、阿联酋地区 Khuff 组天然气均具有高含 H_2S 特征，是全球 TSR 研究的重点关注对象。目前对 TSR 反应机理已经形成了一致认识，然而对于 TSR 的储层改造效应仍存在争议。

(一)TSR 反应机理和控制因素

Hao 等(2008)基于四川盆地东北部二叠系—三叠系不同 TSR 反应程度的天然气组分与同位素分析，总结出在有充足硫酸盐来源的情况下，储层中可能发生三段式的 TSR 反应过程，分别为液态烃、重烃气(湿气)和甲烷参与的 TSR 反应[式(4-1)～式(4-3)]，甲烷只在较高的温度且在大部分 C_2 以上的重烃耗尽后才可能是 TSR 最主要的烃类反应物(图 4-19)。

$$\underset{\text{(液态烃)}}{\text{liquid hydrocarbon}} + SO_4^{2-} \longrightarrow \text{NSO}-\underset{\text{(NSO 化合物)}}{\text{compound}} + \underset{\text{(沥青)}}{\text{bitumen}} + H_2S \tag{4-1}$$

$$n\mathrm{CaSO_4} + \mathrm{C}_n\mathrm{H}_{2n+2} \longrightarrow n\mathrm{CaCO_3} + \mathrm{H_2S} + (n-1)\mathrm{S} + n\mathrm{H_2O} \tag{4-2}$$

$$\mathrm{CaSO_4} + \mathrm{CH_4} \longrightarrow \mathrm{CaCO_3} + \mathrm{H_2S} + \mathrm{H_2O} \tag{4-3}$$

在实际地质条件下，地下 TSR 的反应程度通常在单个含油气构造尺度内存在较大差

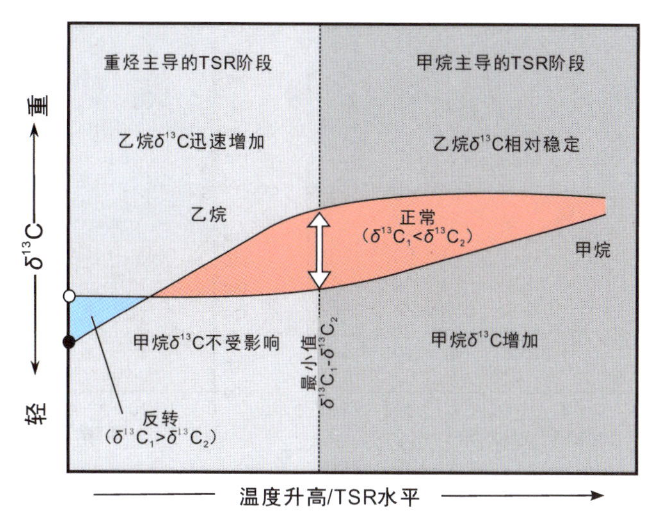

图 4-19 TSR 反应阶段的甲烷-乙烷 $\delta^{13}C$ 比值判别标准

(Hao et al.,2008)

异。一般用 H_2S 含量和 GSI 指数[$H_2S/(H_2S+\sum C_n)$]来表征 TSR 程度。四川盆地东北部渡口河、罗家寨、铁山坡、金珠坪和铁山 5 个含气构造天然气的 H_2S 含量从 0 到 36.6%变化(赵文智等,2006),普光气田的 H_2S 含量从 5.1%到 58.3%(Hao et al.,2008),元坝气田天然气的 H_2S 含量从 1.2%到 12.16%(Li et al.,2015),表明相邻含气构造之间的 TSR 程度也存在差异。这种 TSR 程度的差异同样也存在于全球其他白云岩储层。墨西哥湾盆地从北向南 Smackover 组天然气的 H_2S 含量从 0 升高至 78%(Heydari,1997),阿联酋 Abu Dhabi 地区 Khuff 组 H_2S 含量在 0~50%范围内变化(Worden et al.,2000;Jenden et al.,2015),加拿大 Alberta 西南部泥盆系 Nisku 组天然气中 H_2S 含量在不同区块从小于 1%到超过 90%(Manzano et al.,1997;Machel,2005)。这种差异的控制因素主要在以下两个方面。

(1)温度。TSR 是一个热力学反应,即温度控制反应程度。墨西哥湾密西西比州各气田 Smackover 组中 H_2S 含量差异巨大,结合地层埋藏史,在地层温度不超过 140℃的地层中,即使地层温度达到 120℃且持续时间超过 50Ma,H_2S 含量几乎为 0,而地层温度超过 140℃的地层中,H_2S 普遍很高,最高达 78%,GSI 高达 95%。Worden 等(2000)在 Abu Dhabi 地区 Khuff 组的研究表明,当地层埋深超过 4300m,地层温度超过 140℃时,GSI 大幅升高,TSR 程度显著提高。因此,140℃被普遍认为是 SO_4^{2-} 和 CH_4 发生 TSR 反应的门限温度(图 4-20)。

(2)硫酸根离子供给。模拟实验表明,TSR 一旦启动,其反应程度更多地受以下 3 个动力学因素限制:硬石膏的溶解和 SO_4^{2-} 迁移速率、SO_4^{2-} 和烃类在溶液中反应速率。其中,硬石膏溶解速率的限制,可能导致了温度超过 140℃的地层在残存硬石膏的同时烃类仍未被耗

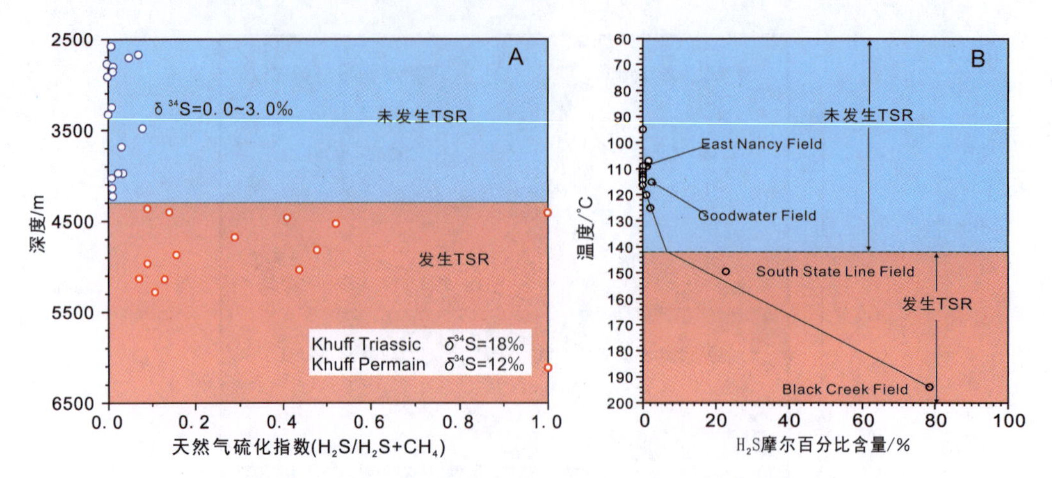

图 4-20　Khuff 组(A)和 Smackover 组(B)TSR 反应程度与地层埋深和温度的关系

(据 Heydari,1997;Worden et al.,2000)

尽(Bildstein,2001)。硫酸根离子供给对 TSR 程度的控制作用也被地质实例所证实。

Arabian 盆地 Khuff 组提供的证据主要有两方面:一方面,硫酸盐和硫化物之间的硫同位素无明显分馏,表明硬石膏一经溶解立即反应;另一方面,由于比表面积的差别,与粗晶粒硬石膏相比,细晶粒硬石膏在更低的温度下开始反应(图 4-21),这表明硬石膏的溶解速率是限制 TSR 反应速率的关键步骤。在反应的最早阶段,硬石膏的溶解发生在晶体边缘,传

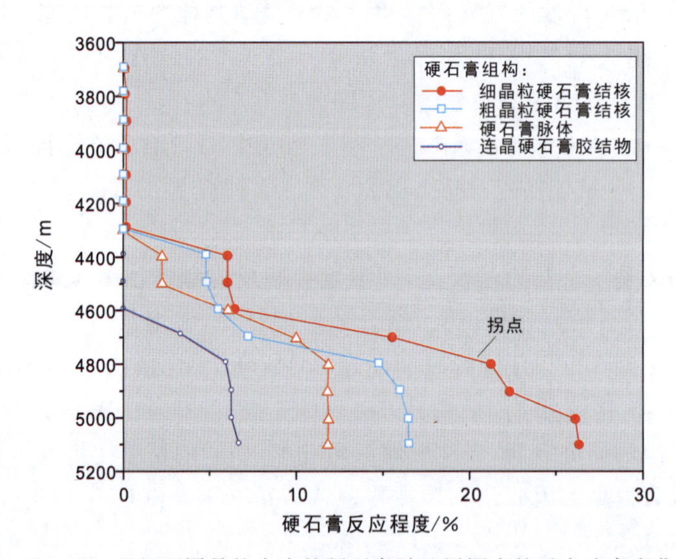

图 4-21　Khuff 组不同晶粒大小的硬石膏随地层深度的反应速率变化特征

反映了晶体大小对 TSR 反应速率的控制作用(据 Worden et al.,2000)

输速率不会限制 TSR 速率。随着 TSR 的进行，交代方解石从硬石膏晶体的表面沉淀，对 SO_4^{2-} 的传输产生限制。一旦交代方解石完全隔离了剩余硬石膏与储层天然气，TSR 立即停止。与粗晶粒硬石膏相比，细晶粒硬石膏参与的 TSR 具有更高反应程度和更高反应速率，因为更小的晶体具有的更大比表面积，具有更多和更快的溶解潜力，并需要更多的交代方解石来隔离。

四川盆地川东北地区二叠系—三叠系白云岩地层古地温都曾超过 150℃（Hao et al.，2008），即超过 TSR 反应启动温度。但是该地区不同含油气构造 TSR 程度仍存在很大差异。研究表明，制约川东北 TSR 程度的因素是 SO_4^{2-} 供给量。

元坝气田长兴组与普光气田飞仙关组储层固体沥青与相邻层位硬石膏 S 同位素比值数据显示，元坝气田长兴组（P_2ch）储层含硫固体沥青与嘉陵江组（T_1j）硬石膏 S 同位素一致，普光气田飞仙关组储层（T_1f^{1-3}）含硫固体沥青与储层段同沉积期海水 S 同位素一致（图 4－22）。而储层白云岩成因研究结果表明，长兴组储层白云岩化流体来自飞仙关组末期（T_1f^4）至嘉陵江组（T_1j）蒸发岩沉积时期，而飞仙关组储层白云岩化流体来自同沉积期（T_1f^{1-3}）局限台内高盐度海水（Li et al.，2021）。白云岩化流体来源与 S 同位素比值的耦合关系指示了两个层位参与 TSR 反应的 SO_4^{2-} 源自储层段内白云岩化之后的地层水，上覆膏盐岩地层的硬石膏并未直接供给储层 TSR 反应。

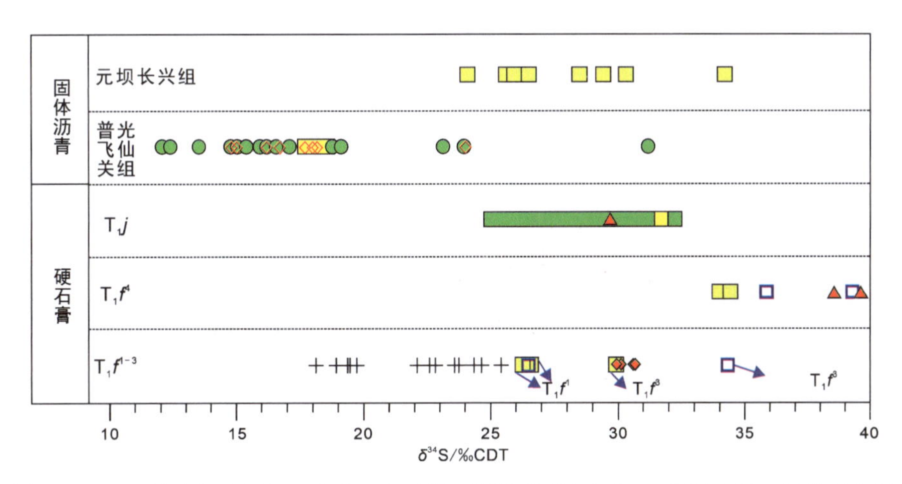

图 4－22 四川盆地元坝气田和普光气田储层固体沥青与不同层位硬石膏 S 同位素比值

（据 Li et al.，2019）

元坝气田和普光气田油藏剖面进一步展示了 SO_4^{2-} 供给量在含油气构造尺度上的 TSR 程度差异。元坝气田气水界面关系展示的无底水单井天然气中 TSR 成因 H_2S 和 CO_2 含量大多为 4％～10％，而有底水单井气层天然气中 TSR 成因 H_2S 和 CO_2 含量低于 10％，水层 H_2S 和 CO_2 含量高达 25％（图 4－23）。相似的 H_2S 和 CO_2 含量差异分布特征也出现在普光气田，无底水单井天然气 H_2S 和 CO_2 含量为 9％～20％，而有底水单井气层天然气 H_2S

和CO_2含量与无底水单井接近，而水层H_2S和CO_2含量高达50%（图4-24）。这两种差异进一步证明了：①参与TSR反应的SO_4^{2-}来自地层水，具体而言，气层中SO_4^{2-}来源于残余孔隙水，较低的含水饱和度直接导致了较低的TSR程度和低含量的H_2S和CO_2，而水层中较高的含水饱和度导致了高TSR程度和高含量的H_2S和CO_2；②嘉陵江组（T_1j）区域盖层中的膏岩并未参与储层段TSR，导致元坝气田和普光气田气藏整体而言初步进入TSR"CH_4主导阶段"，天然气藏中CH_4因此得以保存（Li et al.,2016）。从普光气田储层段埋藏成因方解石的分布特征（见图4-7），进一步推断普光气田的低TSR程度可能是由于TSR的供给源自地层水，而上覆石膏盖层的SO_4^{2-}供给受到了储层段上部由压溶成因方解石碳酸盐胶结的白云岩和上覆非储层段泥质碳酸盐岩所阻隔。

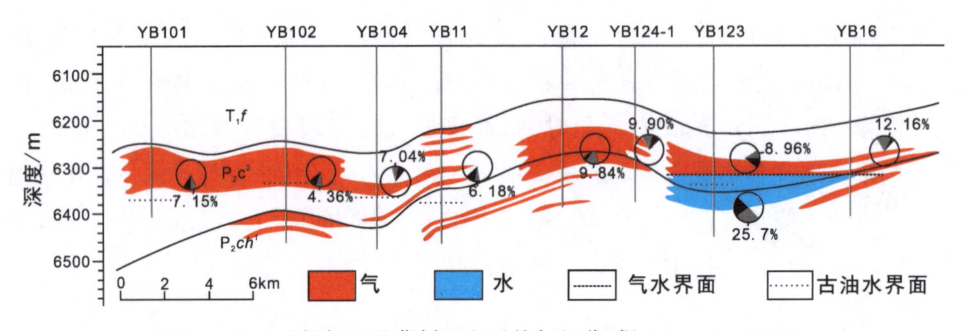

图4-23 元坝气田油藏剖面和天然气组分（据Li et al.,2016）

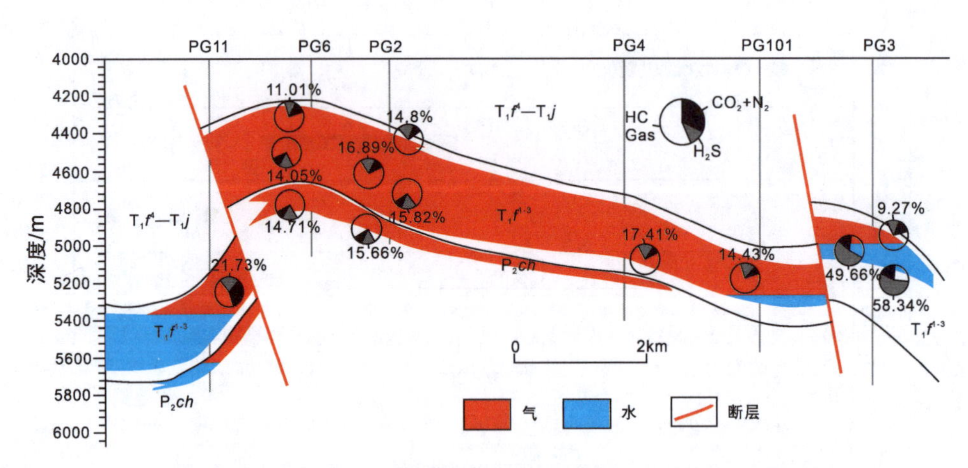

图4-24 普光气田油藏剖面和天然气组分（据Li et al.,2016）

与元坝气田和普光气田相反，墨西哥湾盆地Black Creek气田Smackover组则是高SO_4^{2-}供给量的代表，其现今最大埋深6000m，H_2S含量78%，CO_2含量20%，CH_4含量2%，天然气来源指数(GSI)高达97.5%。高TSR程度是由于地层温度高，相邻厚层膏岩层与储层段的直接接触为TSR提供了充足的SO_4^{2-}供给（Heydari,1997）。

(二)TSR 储层改造效应

对于 TSR 的储层改造效应,一直存在争议,主要有两种观点。

(1)TSR 导致了碳酸盐的溶解,储层孔隙显著增加。有学者通过不同含油气构造的对比,发现发生过 TSR 反应的储层比没有发生过 TSR 的储层具有更高的孔隙度(陈志勇等,2007;Cai et al.,2014)。王一刚等(2007)观察到固体沥青和次生溶蚀孔隙的紧密接触关系,基于这一岩石学证据提出 TSR 成因的 CO_2 导致了围岩的晚期埋藏溶蚀,该溶蚀作用明显改善了储层孔隙性。

众多学者(马永生等,2007;吴凤等,2008)认为在四川盆地 TSR 产生 H_2S 和 CO_2 引起的地层水变酸对碳酸盐岩进行溶蚀是 TSR 改善储层的化学机制。部分学者认为 TSR 过程中既有硬石膏溶解也有方解石胶结,而硬石膏与方解石之间的体积差是储层改善的主要机制(Cai et al.,2014)。Jiang 等(2018)通过数值模拟计算 TSR 过程中硬石膏溶解和碳酸盐胶结物的沉淀量,计算结果表明 TSR 至少增加了 1.6%的储层孔隙度,两种矿物的溶解-再沉淀导致的孔结构调整还使渗透率增加了 2.5 倍(表 4-1)。Jiang 等(2014)提出,TSR 过程中产生的淡水对地层水进行稀释造成的不饱和,以及硬石膏的溶解也对孔隙形成做出贡献(图 4-25)。

表 4-1 TSR 储层改造效应模拟结果(据 Jiang et al.,2018)

模型编号	TSR 之前孔隙度/%	TSR 之后孔隙度/%	TSR 之前渗透率/$10^{-3}\mu m^2$	TSR 之后渗透率/$10^{-3}\mu m^2$
模型 1	16	17.6	109.7	264.3
模型 2	10	11.7	4.1	10.3

(2)TSR 导致了一定程度的孔隙丢失。随着 TSR 反应机理的研究逐步深入和完善,TSR 在埋藏环境下显著改善储层的观点受到怀疑。Heydari(1997)对 Mississippi 州 Black Creek 气田 Smackover 组埋藏成岩作用进行了详细研究,认为 Smackover 组储层在埋藏环境中的改造过程以固体沥青为识别标志可划分为 3 个阶段:原油充注之前,储层改造作用以方解石胶结物的沉淀为主;原油充注之后,油层中储层的改造作用以裂解固体沥青充填为特征,而水层中以鞍状白云石和硬石膏胶结作用为主;当地层古地温达到 TSR 启动温度,储层改造作用以单质硫和 TSR 成因方解石为主(图 4-26)。其中 TSR 改造的两个阶段都以储层被胶结物充填为特征,因此认为 TSR 是一种储层破坏机制。

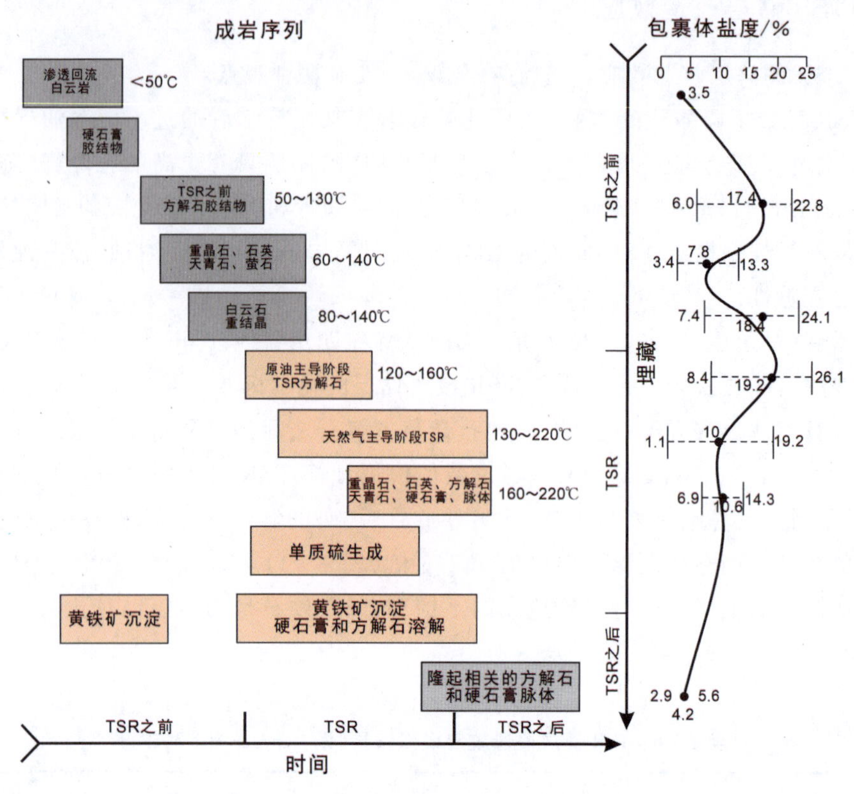

图 4-25 四川盆地川东北地区飞仙关组储层成岩演化过程中地层水盐度变化

（据 Jiang et al.,2014）

镜下观察发现，在普光气田飞仙关组发现了与 Black Creek 气田 Smackover 组相似的岩石学特征，埋藏成因方解石胶结物被固体沥青分为两期（图 4-27），据本章第一节分析第一期为压溶成因，第二期在固体沥青形成的同时或之后。根据已发表的研究，第二期已被证实为 TSR 成因（Hao et al.,2015）。

两期埋藏方解石胶结物的均一温度范围明显不同。压溶成因方解石的均一温度低于130℃，主要在 80～110℃之间，而 TSR 成因方解石的均一温度高于 130℃，主要在 130～180℃之间（图 4-28）。

两种埋藏方解石胶结物的空间分布存在明显差异。压溶成因方解石主要分布在白云岩储层段顶部，与上覆灰岩非储集层直接接触，或分布在与灰岩互层的白云岩非储层段；而 TSR 成因方解石均匀分布于整个储层段油柱中（见图 4-7）。岩石学图像统计数据揭示了两种方解石胶结物对先存孔隙充填程度的差异。从薄片尺度看，储集层上部的压溶成因方解石倾向于完全堵塞视域内所有孔隙（图 4-27A），部分压溶成因方解石含量等于其充填之前的古孔隙度，导致古孔隙度接近于 0，而储层段内向下充填程度逐渐降低，散点图中表现为部分沥青之前方解石含量接近横坐标（图 4-29）。尽管 TSR 成因方解石均匀分布在整个油

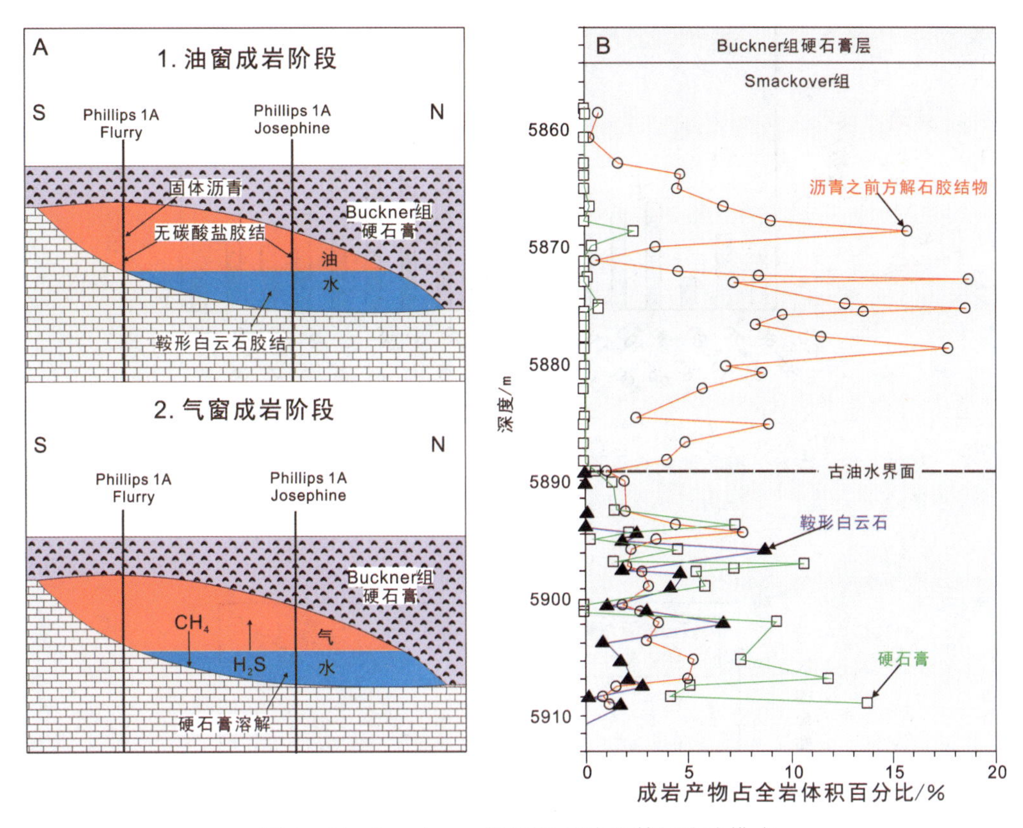

图 4-26 Smackover 组 TSR 反应的储层改造模式

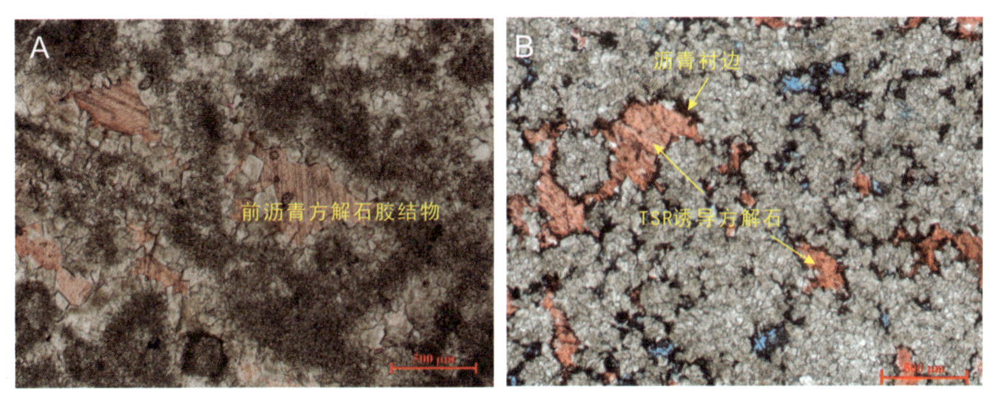

图 4-27 普光气田飞仙关组压溶成因方解石与 TSR 成因方解石岩石学特征

柱中，但对古孔隙通常是半充填特征（图 4-27B），无论古孔隙度高或低，所有统计薄片中 TSR 成因方解石含量均小于 3%（图 4-29）。

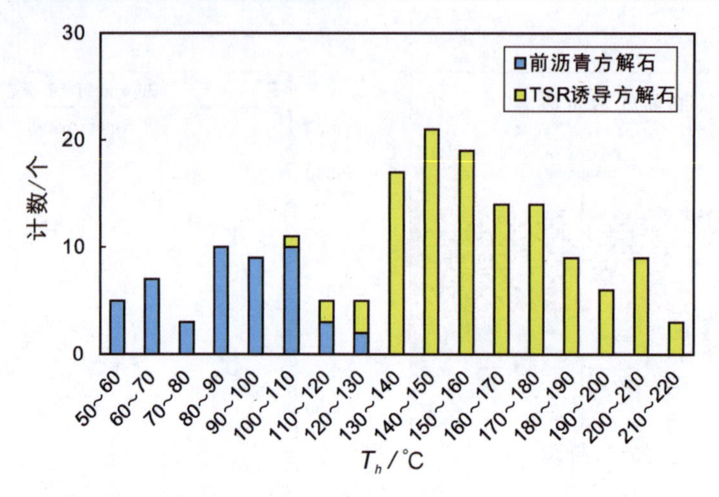

图 4-28　普光气田飞仙关组压溶成因方解石与 TSR 成因方解石胶结物包裹体军均一温度(据 Jiang et al.,2014)

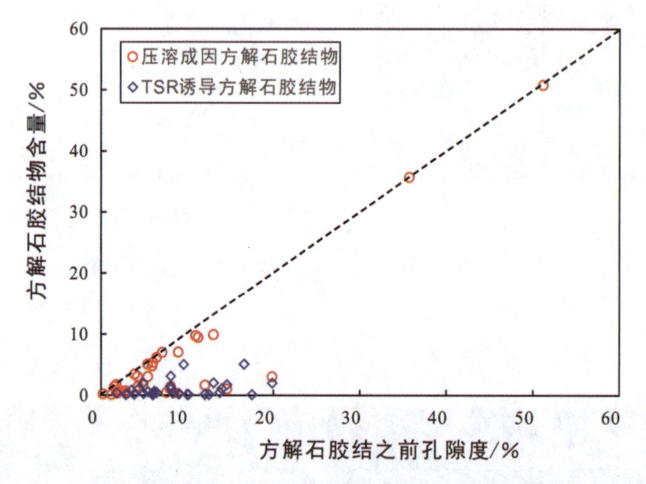

图 4-29　普光气田飞仙关组压溶成因方解石和 TSR 成因方解石的孔隙充填量

综合川东北 TSR 对储层岩石改造效应的观点,不难发现不同学者在不同研究区和研究层段观察到的岩石学现象都存在差异,这种差异现象也一定程度上反映了 TSR 强度及其对储层改造的空间差异性。Lu 等(2022)基于 C 和 S 质量平衡原理,模拟了普光气田 PG2 井和 PG6 井单井尺度内 TSR 反应过程中的矿物转化体积和孔隙度变化。模拟结果表明,在考虑了每摩尔硬石膏与方解石体积差的情况下,储层孔隙度变化不超过 0.3%(图 4-30),其主要原因是作为 C 源的天然气碳氢化合物与作为 C 汇的方解石胶结物之间摩尔体积差别巨大,即使储层中大量天然都参与了 TSR 反应,产生的方解石胶结物占地层总体的比例依然很小。

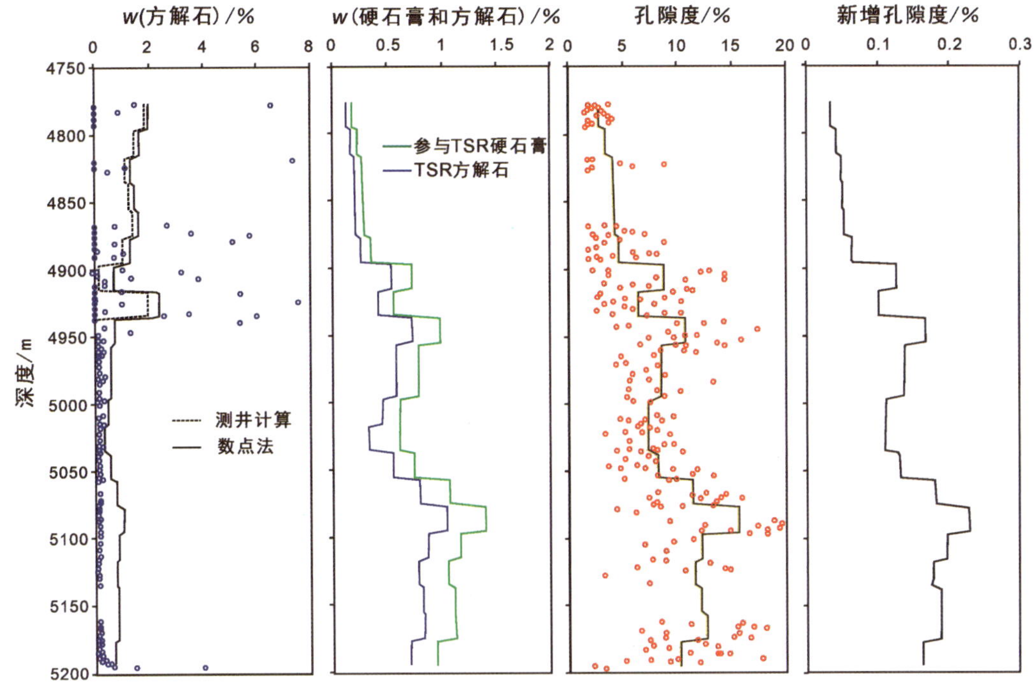

图 4-30 普光气田 PG2 井 TSR 反应数值模拟储层孔隙度变化结果

(据 Lu et al.,2022)

第四节 幔源流体改造

沉积盆地中,岩浆活动是除放射性热源、断裂-裂缝热液之外的最主要局部热源(张健和石耀霖,1997)。相较于岩浆喷出烘烤地表沉积物,岩浆侵入地下沉积层系形成广泛分布的岩墙、岩床、岩脉等岩浆侵入体,其热量向围岩扩散过程中产生显著热响应。全球范围内,巴西 Parnaíba 盆地、阿根廷 Neuquén 盆地、西非克拉通 Taoudeni 盆地、澳大利亚东部 Bowen-Gunnedah-Sydney 盆地群、爱尔兰-格陵兰-挪威近海等地区均经历剧烈岩浆活动,岩浆释放的巨大热量对盆地内油气系统产生了深远影响(Brauckmann and Füchtbauer,1983;Girard et al.,1989;Othman et al.,2001;Spacapan et al.,2018;Cardoso et al.,2020)。塔里木盆地、四川盆地、东部近海和南海含油气盆地是中国重要的产油气盆地,均经历过或正在经历剧烈岩浆活动(陈汉林等,1997;金强和翟庆龙,2003;徐义刚等,2013;杨树锋等,2014;林间等,2019),因而岩浆侵入的热响应及其油气资源效应也一直是我国石油地质学家重点关注的问题(刘超等,2015;张旗等,2016)。

塔里木盆地是中国陆上三大产油气叠合盆地之一，其沉积层系中记录了4期岩浆活动，分别在晚震旦世—早寒武世、中晚奥陶世、早二叠世、白垩纪，其中早二叠世超级地幔柱作用下的岩浆活动规模最大（陈汉林等，1997）。目前，该盆地海相碳酸盐岩层系油气几乎全开采于奥陶系深层灰岩储层。因此前人针对岩浆侵入储层的热响应及其储层改造效应，在中下奥陶统灰岩层系开展了大量研究。从塔中—巴楚地区地震剖面和岩芯岩屑来看，作为主力油气储层的中下奥陶统发育大量侵入体（金之钧等，2006；李坤白等，2016；Yao et al.，2018）。潘文庆等（2009）在塔里木盆地奥陶系灰岩地层中总结了3种蚀变灰岩，即与花岗岩侵入体伴生的蚀变灰岩、与辉绿岩侵入体伴生的蚀变灰岩、无侵入体伴生的蚀变灰岩。第3种蚀变灰岩在野外露头和塔中—巴楚地区沿断裂、不整合面和岩溶带广泛分布，具有疑似岩浆成因的矿物学和地球化学特征。例如，塔里木盆地奥陶系常见的萤石可能反映了早二叠世岩浆挥发分形成的大量富氟流体活动（金之钧等，2006）。顺南4井在井下钻遇5m厚硅质岩段，其成因可能为岩浆挥发分形成的上升型热液对灰岩围岩的硅化（陈红汉等，2016）。韩银学等（2017）认为塔中1井下奥陶统细晶白云岩的高包裹体T_h、偏负$\delta^{18}O$、低$^{87}Sr/^{86}Sr$值等特征指示了可能的岩浆相关的流体活动。塔中45井发现的萤石储层段（T_h=300℃）储集空间，被部分学者认为形成于早二叠世岩浆挥发分形成的大量富氟流体等摩尔交代方解石过程中的矿物体积缩小（Jin et al.，2006）。

在“向地球深部进军”的号召下，作为中国主力产油气盆地的四川盆地和塔里木盆地，其海相层系油气勘探的主战场已转移到更深更古老的中下寒武统盐下白云岩和震旦系微生物白云岩（马永生等，2019）。由于岩浆是从地球深层向上侵入地壳，理论上其对深层寒武系和震旦系的影响更甚于浅层。因此，虽然本书调研的全球深层优质白云岩储层中尚未见有幔源流体改造的研究，以岩浆侵入为代表的幔源流体改造作用仍是本书深层优质白云岩储层深层保存与改造机理不可或缺的一个重要部分。

岩浆侵入油气储层直接产生异常高温和热对流两种热响应，这两种热响应间接产生储层改造效应（Wang and Manga，2015；Senger et al.，2017）。为认识这两种热响应及其储层改造效应，国内外地质学家开展了卓有成效的研究，在岩浆侵入的异常高温响应、热对流响应和储层改造效应3个方面均取得重要进展。

（一）岩浆侵入的异常高温响应

岩浆侵入最普遍的热响应是异常高温，其最明显的产物是靠近侵入体的接触变质带。接触变质带中的变质程度、矿物类型转化和地球化学温度计都记录了岩浆侵入后的异常高温。

我国渤海湾盆地众多凹陷见证了岩浆侵入沙三段富有机质泥岩，发育一定厚度的“未蚀变泥岩—碳质板岩—角岩”岩性序列，靠近侵入体方向未蚀变泥岩渐变为碳质板岩（转变温度约245℃）再转变为角岩（转变温度约449℃），未蚀变泥岩中镜质体反射率R_o折算温度高于正常埋藏的最高地温（邱隆伟等，2000；周立宏等，2000）。当岩浆侵入砂岩地层，接触变质作用对岩性的改造较弱，更显著的响应是产生特征变质矿物（Brauckmann and Füchtbauer，1983；Baker，1995；吴富强等，2003；刘超等，2015）。爱尔兰北部岩浆侵入三叠系长石砂岩的接触变质带，最外侧（130～180℃）发育滑石，中部（200～230℃）发育角闪石，最靠近侵入体处（>250℃）发育针状阳起石（McKinley et al.，2001）。当岩浆侵入碳酸盐岩层系，接触变质带岩性序列为"未蚀变碳酸盐岩—热液白云岩—大理岩"（贾京坤和万丛礼，2012）。美国Utah州西部Notch峰岩浆房侵入中上寒武统灰岩，形成了厚度与岩浆房（7km）相当的接触变质带（6km），在靠近侵入体方向上，大理岩化程度逐渐增强，变质矿物类型由滑石和透闪石组合渐变为透闪石，再渐变到铁橄榄石，白云石团簇同位素（Δ_{47}）计算温度逐渐由正常最高地温162℃升高至Δ_{47}封闭温度328℃（图4-31，Lloyd et al.，2017）。

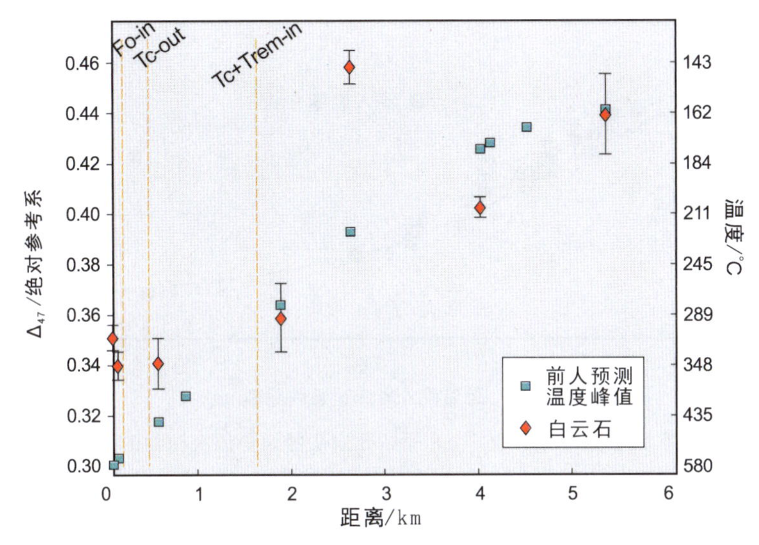

图4-31 美国Utah州Notch Peak大理岩变质带白云石团簇同位素记录岩浆侵入的异常高温响应（据Lloyd et al.，2017）

各种1D和2D数值模型也是定量研究岩浆侵入异常高温响应的有力工具。早在20世纪初期—中期，热传递的基本方程已被提出并用于岩浆侵入的异常高温研究（Jaeger，1959）。针对全球典型盆地常见的小型岩床（厚度<20m）侵入富有机质泥页岩的现象，简化的热传递模型被用于模拟烃源岩中岩浆侵入异常高温响应，模拟结果与实测有机质成熟度R_o吻合（Fjeldskaar et al.，2008；王民等，2011）。当大型岩床（厚度达41m）侵入时，热对流对围岩异常高温响应有显著影响（Barker et al.，1998），Wang and Manga（2015）利用MagmaHeat-NS2D模型模拟了东太平洋DSDP 41-368号钻孔岩浆侵入松散沉积物的异常高温响应，结果表明热对流的存在导致渗透率为$1\times10^{-3}\mu m^2$的围岩中温度升高的程度和范围远大于非渗透性层（图4-32）。Iyer等（2018）详尽前人所有考量（包括热对流影响、背景地温梯度、碳酸盐热分解产生CO_2等方面），开发了普适的SILLi模型，并用于模拟南非Karoo盆地和挪

威 Vøring 盆地岩浆侵入的围岩异常高温响应，模拟结果与实测 R_o 和 TOC 值吻合。

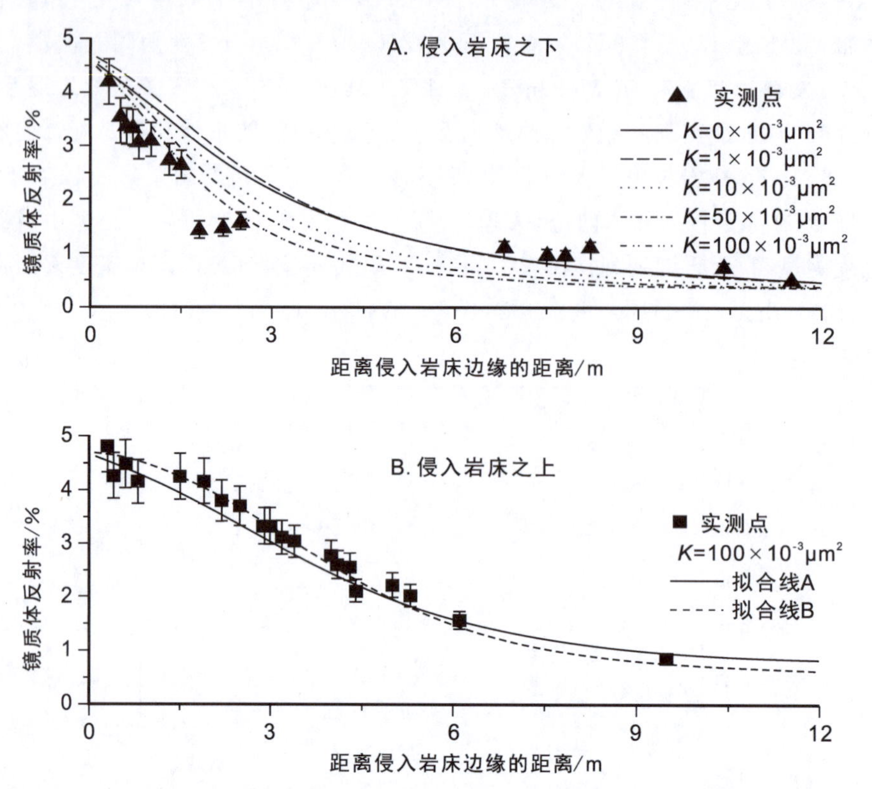

图 4-32 东太平洋 DSDP 41-368 号钻孔岩浆侵入松散沉积物的异常高温响应

（据 Wang and Manga，2015）

纵观岩浆侵入的异常高温响应研究进展，针对岩浆侵入的异常高温响应，已经建立了成熟的研究方法，确立了岩石学、矿物学、地球化学等地质温度计约束下的数值模拟研究这一有效研究思路。

（二）岩浆侵入的热对流响应

热对流是岩浆侵入渗透性层的另一重要热响应，也是地下流体活动的主要方式之一，驱动热量和物质的传递。热对流对热量的传递作用使围岩发生碳酸盐重结晶、长石的绢云母化、钾长石和斜长石的钠长石化、石英和钠长石的加大（含高于正常地温背景的原生包裹体均一温度 T_h），而对物质的传输作用使侵入体中 Mg^{2+}、Fe^{2+}、K^{+}、Cu^{2+} 供给到远离侵入体处形成伊利石-绿泥石填隙物、黄铜矿结核，同时伊利石绝对年龄与岩浆活动时间的一致性进一步为以上热对流响应的岩浆成因提供了时间证据（Barker et al.，1995，1998；De Ros，1998；Haile et al.，2019）。此外，热对流还沟通了侵入体与围岩之间的同位素交换，吴富强等（2003）利用 $^{87}Sr/^{86}Sr$ 值计算出渤南洼陷远离侵入体的沙四段碳酸盐胶结物中 Sr 含量的

77%来源于幔源物质。以上岩石学、矿物学、同位素地球化学特征是热对流的重要标志和示踪剂。

但是岩石学、矿物学、地球化学手段由于其多解性，对岩浆侵入热对流的示踪会招来争议。Girard 等(1989)认为西非克拉通 Taoudeni 盆地岩浆侵入诱发了全盆范围内元古宇砂岩中的热对流，其证据为在大量辉绿岩发育地区侵入体接触带可见显著的热液成岩现象，而在侵入岩不发育地区也普遍找到了包裹体 T_h 高于正常埋藏最高地温的热液矿物组合(图 4-33)。但这种规模如此之大的热对流需要巨大规模的岩浆侵入和极佳的围岩水文条件，因而受到数值模拟结果的质疑(Palm，1990；Bjørlykke and Egeberg，1993)。

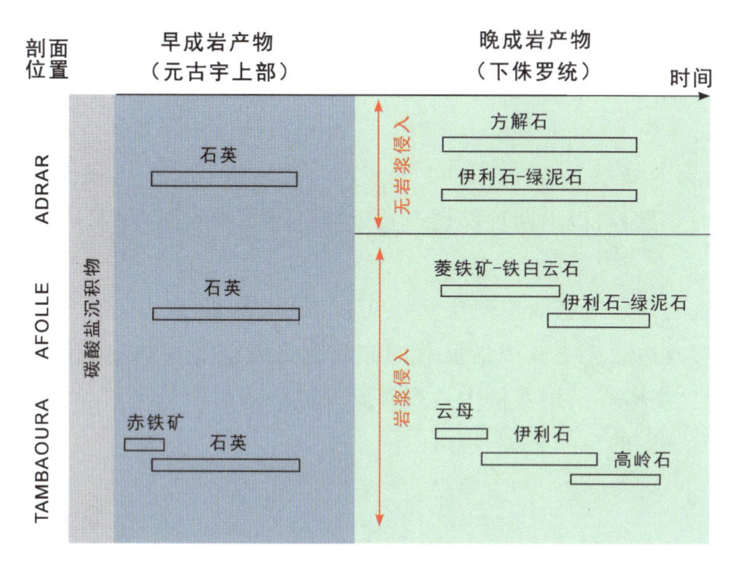

图 4-33 西非克拉通 Taoudeni 盆地岩浆侵入诱发大规模热对流响应的矿物学证据

(据 Girard et al.，1989)

纵观岩浆侵入的热对流响应研究进展，可以看出：岩浆侵入的热对流响应已被广泛认同，但大规模热对流是否存在还有争议。这一争议源于基于热对流过程考虑的数值模拟结果与基于热对流产物的岩石学、矿物学、地球化学研究成果的不吻合。

(三)岩浆侵入的储层改造效应

岩浆侵入储层的异常高温和热对流诱发的成岩作用可能新增或破坏孔隙，进而产生储层改造效应。异常高温诱发的大理岩化和重结晶作用可使碳酸盐岩晶粒变粗、孔隙度降低、孔隙结构改变，但这种储层改造效应的规模仅限于侵入体附近非常有限范围内(Hover-Granath et al.，1983；Dong et al.，2013)。反应-传输模拟结果指示，显著的储层改造效应，最可能形成于热对流体系中溶解度对温度敏感矿物(碳酸盐和石英)的溶解-再沉淀：流体降温流动时发生石英沉淀和方解石溶解，而流体升温流动时发生石英溶解和方解石沉淀

(Wood,1984;Bjørlykke and Egeberg,1993)。

目前,该观点已被砂岩储层实例所证实。苏北盆地高邮凹陷的研究表明,硅质碎屑溶解产生溶孔仅发生在距侵入体较近处,而距离较远处发生石英加大充填孔隙,这一现象指示了岩浆侵入诱发砂岩储层内硅质和孔隙的重新分布(刘超等,2015;李鸿儒等,2019)。巴西Parnaíba盆地50m厚的岩床侵入近地表砂岩,在侵入体之下50m范围内,矿物含量变化规律指示了碳酸盐矿物溶解-再沉淀作用造成了孔隙的再分配(Cardoso et al.,2020)。

然而,该观点在碳酸盐岩储层中还未得到证实。岩浆脱挥发分作用和围岩碳酸盐的热分解作用产生的CO_2、H_2O、H_2S进入地层可改变流体与围岩间的溶解-沉淀化学平衡。因此,岩浆侵入碳酸盐岩的储层改造效应不仅要考虑温度对矿物溶解度的影响,还需兼顾挥发分的影响。目前,岩浆活动相关流体对碳酸盐岩的储层改造效应有3种不同观点:①富CO_2和H_2S流体在降温流动时导致碳酸盐溶解,对储层起建设性作用(Davies and Smith,2006;Beavington-Penney et al.,2008;Garcia-Rios et al.,2014);②富CO_2流体导致围岩白云岩化和方解石胶结,对储层起破坏作用(Leach et al.,1991;Biehl et al.,2016);③由于碳酸盐快速的溶解动力学过程,以上两种储层改造效应分布非常有限、规模可忽略(Ehrenberg et al.,2012)。

纵观岩浆侵入的储层改造效应研究进展可以看出,岩浆侵入的异常高温和热对流响应诱发一系列的储层改造效应。其中最显著的储层改造效应是由热对流驱动的矿物溶解-再沉淀,目前该效应已在砂岩储层实例中被观察到并被数值模拟结果所验证,该研究成果对深层白云岩储层具有一定的参考意义。

第五章 深层优质白云岩储层发育模式

深层优质白云岩储层的发育是在盆地沉积和构造演化过程中，从地表环境至深层埋藏环境，一系列机械和化学的地质作用耦合的结果。浅部和深部环境的开放/封闭程度和流体性质差异巨大，其中的机械和化学地质作用对储层的改造效应也明显不同。从以上各章论述的全球深层优质白云岩储层案例的演化过程可看出，储层的形成发生在近地表海水环境和淡水环境，按储层成因类型可分为相控型储层和表生岩溶控制型储层；而在深部环境（浅层埋藏环境、中层埋藏环境、中深层埋藏环境和深层埋藏环境），储层的演化明显分化出两个路径。一个路径是储层以保存为主，埋藏成岩作用被抑制，成岩历史非常简单；另一个路径是储层以在浅层所形成孔隙网络的基础上进行改造为主，埋藏成岩改造非常强烈，成岩历史极其复杂。深部保存与改造是深层储层与浅层储层之间差异的根本原因，也是深层优质白云岩储层成储机理的重要部分。本书根据储层形成主控因素和深层演化路径，建立了“深部保存高能相控成储”“深部保存高能相-同生岩溶联控成储”“深部改造表生岩溶控制成储”3种深层优质白云岩储层发育模式，本章将分3节分别对这3种模式进行论述。

第一节 深部保存高能相控成储模式

深部保存高能相控成储模式的储层形成主控因素为沉积相，储层选择性地分布于某种沉积相，储层孔隙类型以沉积作用形成的原生孔隙为主。South Oman 盐盆 Ara 群、四川盆地安岳气田灯影组和川西气田雷口坡组均属这种模式。本节以前两者为例，分别阐述其储层发育过程，并论述了此类模式的4种关键地质因素。

一、安岳气田灯影组储层发育模式

灯影组储层储集岩和储层储集空间类型（见本书第二章）指示储层形成于微生物丘沉积过程中。灯影组沉积时期，上扬子陆架为普遍浅水的陆表海环境，平均水深为0～2m，水动力主要由潮汐作用提供，无明显沉积相带分异。这种安静的浅水环境类似于现代西澳 Shark Bay 内部局限潮坪环境，以发育各种结构的微生物岩为主要特征。其中，陆表海内部局部低洼处沉积微相组合为深层含硅质纹层状叠层石白云岩和深层纹层状泥晶白云岩互相叠置组成的高频旋回。而地形高点沉积微相组合为各种具有建造特征的微生物岩高频旋回叠置而成，旋回底部为块状藻砂屑白云岩和藻黏结球粒白云岩，旋回中部为块状凝块石白云岩，旋回上部为典型的波状叠层石白云岩，是一种典型的潮下浅水-潮间带相对海平面高频升降控制的向上变浅旋回（图 5-1A）。值得说明的是，同为叠层石白云岩，纹层状叠层石内部叠层平滑、叠层之间为平行或近平行紧密接触，完全不发育孔隙；而波状叠层石内部叠层紊乱且连续性差、叠层之间非平行接触，导致大量原生叠层石格架孔发育。

在海水成岩环境，由于微生物新陈代谢诱导的胶结作用，前寒武纪微生物岩常因快速胶结作用形成固结的微生物席，同时同沉积和准同生期胶结物非常发育，因此对储层造成一定程度破坏（图 5-1B、C）。

由于早期快速固结的微生物格架，浅层埋藏环境机械压实作用被抑制。海水胶结物加固了微生物格架孔，使其对机械压实具有更强的抗性。机械压实的减孔效应主要是颗粒重排和脆性破碎两方面。颗粒重排可以减少颗粒沉积物中 10%粒间孔隙度，而脆性破裂可使初始孔隙度 40%的鲕粒和生屑沉积物的孔隙度继续下降 10%。在典型的深层微生物岩储

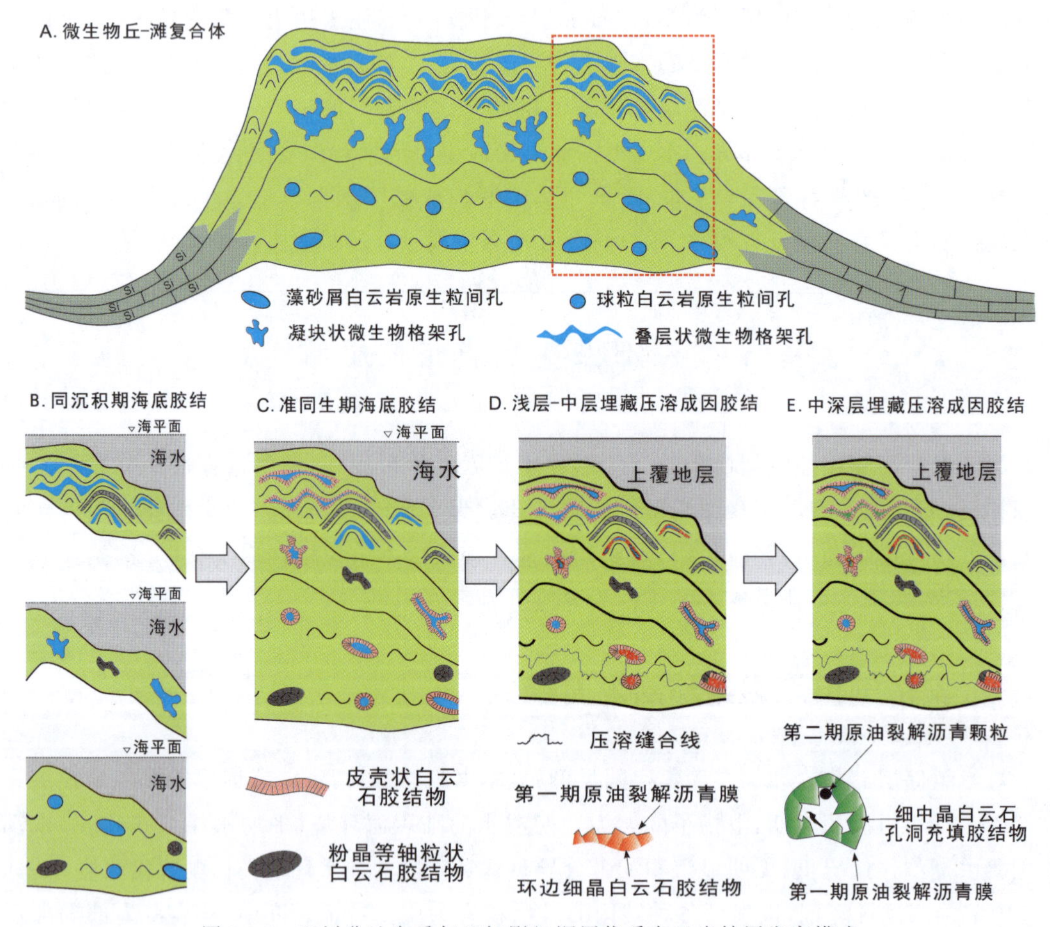

图 5-1　四川盆地安岳气田灯影组深层优质白云岩储层发育模式

层段可见大部分微生物格架孔和早期胶结物形态保存完好，颗粒重排的减孔效应无需考虑，仅局部可见皮壳状胶结物发生破碎，对实际孔隙度的降低推测不超过5%。

中层埋藏环境压溶作用具有一定岩相选择性。受旋回底部略低能环境沉积物较高泥质含量的影响，在向上变浅旋回的下部，藻砂屑白云岩和藻黏结球粒白云岩两种岩相中发育压溶缝合线；相比之下，旋回中上部的凝块石白云岩和叠层石白云岩表现出强压溶抗性，几乎未见压溶缝合线。压溶作用产生的饱和流体就近沉淀，对旋回下部的宿主岩相充填了更多压溶成因胶结物，向旋回上部方向，压溶成因胶结物减少(图5-1D)。

晚志留世，灯影组经历第一期原油充注，致浅层—中层埋藏环境短暂转变为中深层埋藏环境，但晚志留世—早中二叠世Gondwana超大陆汇聚时期，在加里东造山运动的挤压应力作用下，灯影组抬升、地层压力降低，第一期原油由于生物降解或脱沥青质作用形成第一期固体沥青膜，中深层埋藏环境再次转变成中层埋藏环境，并发生构造压溶和相关的白云石胶结。自晚二叠世Gondwana超大陆开始裂解，四川盆地开始快速沉降，孔隙流体压力升高抑制了再次压实压溶。至中三叠世第二期原油充注意味着灯影组第二次进入中深层埋藏环境。从中二叠世开始持续至中晚白垩世的快速沉降期，晚二叠世热事件诱发了少量鞍形白云石胶结，除此之外灯影组一直处于封闭体系(图5-1E)。

二、South Oman盐盆Ara群储层发育模式

Ara群沉积之前，大型基底断块隆起把原大型断陷盆地分割成3个小型次盆。South Oman盐盆是其中一个断陷次盆，隆起区为碳酸盐岩-蒸发岩沉积场所，而断陷区为黑色页岩和硅质页岩沉积。Ara群沉积古地貌背景为碳酸盐岩缓坡，浅缓坡相凝块石白云岩和球粒白云岩是原生孔隙最发育的微相类型，也是现今储层主要储集岩类型(图5-2A)。

South Oman盐盆Ara群由至少6个三级层序组成，每个三级层序的海侵体系域为盐岩—硫酸盐岩—碳酸盐岩序列，而海退体系域为碳酸盐岩—硫酸盐岩—盐岩序列，形成多套碳酸盐岩与蒸发岩互层。同沉积期海水环境中，蒸发性海水向下渗流不仅诱发了储层段白云岩化，还产生了孔隙充填程度最高的3种胶结物。白云石胶结物占全岩含量0～28.9%，平均4.1%；硬石膏胶结物含量0～12.9%，平均3.0%；石盐胶结物含量0～42.7%，平均1.5%。3种胶结物在储层中的分布特征符合卤水渗透回流白云岩化模式：过白云岩化作用在靠近卤水源的方向上沉淀了更多白云石胶结物，可使原生孔隙度高达50%以上的凝块石白云岩被完全充填；白云岩化作用置换出的过量Ca^{2+}导致白云岩化前缘(灰云过渡带)是硬石膏胶结的主要场所；石盐胶结物主要在储层段顶部(卤水渗流入口)处充填孔隙(图5-2B)。

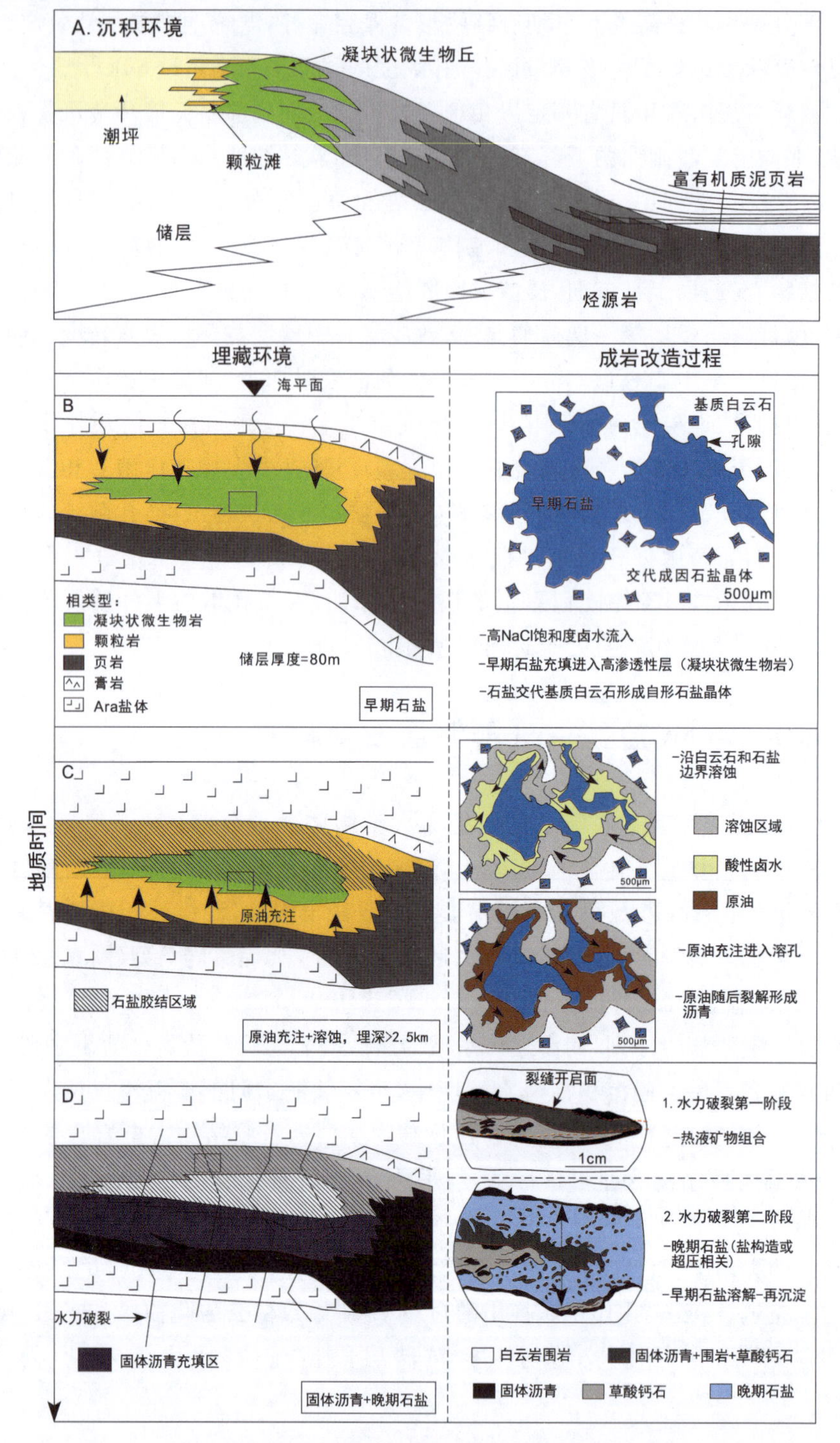

图 5-2　南阿曼盐盆 Ara 群深部优质白云岩储层发育模式

（据 Schoenherr et al.，2009）

在埋藏期盐构造作用下，碳酸盐岩层进一步被底辟蒸发岩分割成孤立的碳酸盐条带，导致条带状碳酸盐岩中储层在埋藏环境处于高度封闭体系。由于海水胶结物的加固作用，浅层—中层埋藏环境中压实和化学压溶对储层的改造效应并不显著，既未见明显的原生孔隙和海水胶结物机械变形，亦未见明显的压溶缝合线及相关胶结物。中深层—深层埋藏环境的成岩改造分为两个阶段。第一阶段，酸性卤水伴随原油充注侵入储层段，溶蚀对象主要为充填原生孔隙的先存石盐胶结物，封闭体系内溶解物质无法被排出。第二阶段，触发机制为超压导致的水力破裂，水力破裂形成的裂缝无法刺穿巨厚的蒸发岩层，主要局限于条带状碳酸盐岩封闭体系内部，裂缝沟通的地层水循环导致石盐胶结物再次沉淀、愈合裂缝。两阶段的石盐溶解-再沉淀均发生在封闭体系内部，属于石盐胶结物的再分布，对储层物性整体上没有显著影响(图 5-2C、D)。

三、深部保存高能相控成储模式关键地质因素

本模式储层储集空间形成于近地表海水高能沉积相。在浅层、中层、中深层—深层埋藏环境，不同的地质因素耦合接力使浅层形成孔隙保存至今(图 5-3)。

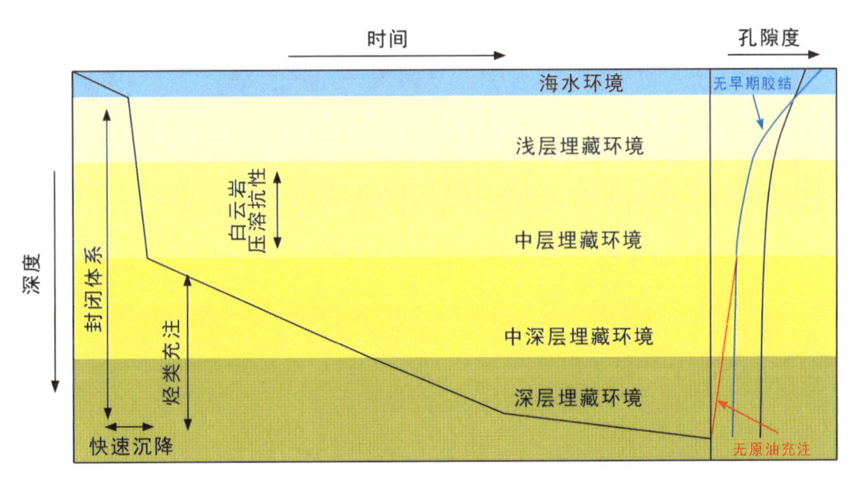

图 5-3 深部保存高能相控成储关键地质因素示意图

1. 浅水高能环境造就储层主要储集空间

潮下浅水环境是微生物岩储层沉积的有利场所。储层的主要储集岩石类型包括具有建造特征的叠层石白云岩和凝块石白云岩，以及藻黏结球粒白云岩。原生微生物格架孔隙度高达 50%以上(Grotzinger and Al-Rawahi，2014)。

2. 早期固结和白云岩的压溶抗性抑制压溶

早期海水胶结物对原生孔隙的充填程度很高，据 Shark Bay 和 Bahamas 现代微生物岩

物性数据，经历了海水胶结作用的浅水潮下微生物岩仍均有20%～40%孔隙度，平均孔隙度仍然分别高达29.7%和23.0%(Karaca,2015)。

压溶作用对碳酸盐岩储层的破坏有地层减薄直接减少孔隙和压溶成因胶结物充填孔隙两种方式。目前还未见微生物岩中压溶作用减孔效应的定量研究。参考颗粒灰岩的定量统计结果，埋深约6000m的鲕粒灰岩垂直压溶量达28%时，地层减薄使颗粒灰岩平均孔隙度降低15%，压溶成因胶结物使颗粒灰岩平均孔隙度降低10%。在压溶作用剧烈的颗粒灰岩中，孔隙度完全丧失。

安岳气田灯影组和South Oman盐盆Ara群白云岩储层在上覆地层压力和水平构造应力作用下，均先后发育两期压溶缝合线及相关胶结物。由于取芯段为完全覆盖整个灯影组储层段，无法准确统计地层减薄量和压溶成因胶结物的含量。根据现今仍保存的平均孔隙度10%和图像统计的最晚期鞍形白云石胶结物含量5%，压溶作用对安岳气田储层孔隙的破坏量可能为5%～25%。

3. *早期原油充注抑制压溶*

从安岳气田灯影组和South Oman盐盆Ara群来看，早期原油充注对储层至少有两方面意义。一方面是原油充注通过多相流体混合，降低了储层含水饱和度和流体流动性，在封闭系统内这一机制有效抑制了压溶作用，终止了油柱内大规模压溶作用及相关胶结物的沉淀；另一方面伴随原油充注的有酸性流体虽对储层的溶蚀程度有限，但降低了地层水饱和度，进一步抑制了压溶相关胶结物的沉淀。由于加里东造山运动，安岳气田灯影组地层抬升，第一期原油经历脱沥青质作用或生物降解，油柱内含油饱和度降低、含水饱和度回升，构造压溶缝合线及相关胶结物再次破坏孔隙。

4. *深部封闭体系成岩改造有限*

从两个案例的埋藏成岩改造类型来看，储层进入埋藏环境之后几乎一直处于封闭体系。封闭体系内显著的成岩改造类型是压溶作用，而唯一的外源流体是原油及伴随原油充注侵入的有机酸流体，酸性流体无法在地层内造成大规模溶蚀，且溶解物质无法排泄会导致再沉淀。此外，热流体侵入沉淀出鞍形白云石胶结物，是四川盆地古生界地层在二叠纪火成岩省事件背景下的普遍现象，但由于灯影组整体处于封闭体系，其对孔隙充填程度有限。

第二节　深部保存高能相-同生岩溶联控成储模式

深部保存高能相-同生岩溶联控成储模式的储层形成主控因素为沉积相和同生岩溶，储层分布于镶边台地台缘相带和碳酸盐岩缓坡浅缓坡相鲕粒滩和生物礁，储集岩类型为受淡水淋滤的鲕粒白云岩和生物礁白云岩，储层孔隙类型为粒间孔、生物礁格架孔、铸模孔、晶间孔。四川盆地元坝气田长兴组和普光气田飞仙关组、墨西哥湾盆地Smackover组储层均属这种模式。本节以这三者为例，分别阐述其储层发育过程，并论述了此类模式的4种关键地质因素。

一、元坝气田长兴组和普光气田飞仙关组储层发育模式

元坝气田和普光气田分别位于梁平-开江海槽两侧。长兴组沉积时期，元坝气田和普光气田均为台地边缘相带生物礁沉积，储层段微相类型组合为海绵生物礁-生屑滩的向上变浅旋回垂向加积叠置而成。至飞仙关组沉积时期，元坝气田一侧台地类型演化成为碳酸盐岩缓坡，浅缓坡相为向海槽前积的面状薄层鲕粒滩；普光气田一侧仍为镶边台地台缘相带，鲕粒滩为垂向加积的厚层鲕粒滩。台地边缘相带的加积型生物礁和鲕粒滩更接近海平面，并在高频海平面下降时期暴露地表接受淡水淋滤，发生同生岩溶改造。同生岩溶叠加高频鲕滩旋回，在普光气田飞仙关组储层段形成了顶部发育铸模孔—中部发育粒间孔—底部不发育孔隙的孔隙类型旋回；而元坝气田碳酸盐岩缓坡沉积的薄层鲕粒滩未见铸模孔发育（图5－4 A、B）。

沉积古地貌的变化也导致白云岩化作用的差异。飞仙关组储层段沉积时期，随着气候变得干旱，普光气田一侧镶边台地内部变为蒸发性环境，发生同沉积期渗透回流白云岩化；而元坝气田一侧的碳酸盐岩缓坡为开阔海正常盐度环境，未发生白云岩化（图5－4C）。

元坝气田长兴组储层段的白云岩化发生浅层埋藏环境。飞仙关组上部非储层段沉积期，海槽已经被填平补齐，整个川东北地区处于蒸发台地背景，卤水在仍保存渗流能力的薄层鲕粒滩和生物礁渗流导致白云岩化（图5－4D）。

元坝气田飞仙关组灰岩与普光气田飞仙关组白云岩在中层埋藏环境的压溶作用有明显差异。元坝气田飞仙关组灰岩压溶缝合线非常发育，薄层白云岩压溶缝合线发育程度明显减弱，但白云岩中可见大量疑似压溶成因方解石胶结物，导致元坝气田飞仙关组原生孔隙被严重破坏。普光气田飞仙关组厚层鲕粒白云岩之上的泥质灰岩非储层段亦发育密集缝合线，下伏的白云岩储层段顶部充填了大量沥青之前方解石胶结物，其含量向下逐渐降低，也表明了白云岩的压溶抗性以及灰岩层段压溶作用对白云岩储层的影响（图5－4E）。

两套储层在沉积之后均经历快速沉降，并在30Ma时间内发生原油充注，进入中深层埋藏环境，成岩作用类型从无机流体-岩石相互作用转变为有机-无机相互作用。储层烃类与地层水中的硫酸根离子发生TSR反应，诱导沉淀方解石和石英胶结物及含硫沥青，是中深层—深层埋藏环境的主要改造类型（图5－4F）。

二、墨西哥湾盆地Smackover组储层发育模式

墨西哥湾盆地是一个中侏罗世开始海相沉积的弧后盆地，晚侏罗世Smackover组沉积时期演化成为一个稳定的碳酸盐岩缓坡，在海平面高位期鲕粒滩不断向海前积形成宽广的

A.长兴组沉积期高频短暂暴露淡水淋滤

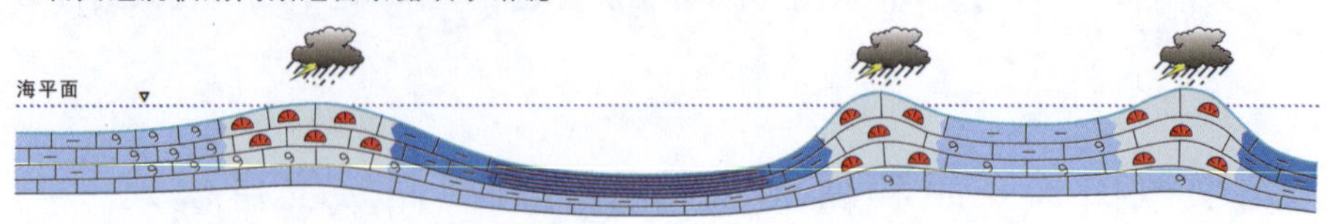

B.飞仙关组沉积期高频短暂暴露淡水淋滤

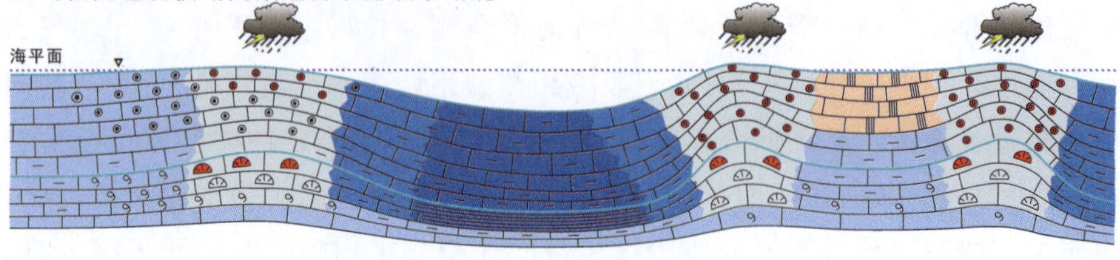

C.飞仙关组储层段T_1f^2沉积末期渗透回流白云岩化

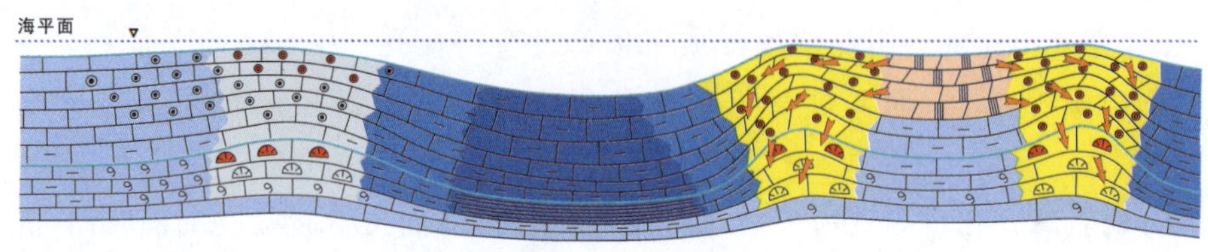

D.浅埋藏环境渗透回流白云岩化（飞仙关组T_1f^4沉积末期）

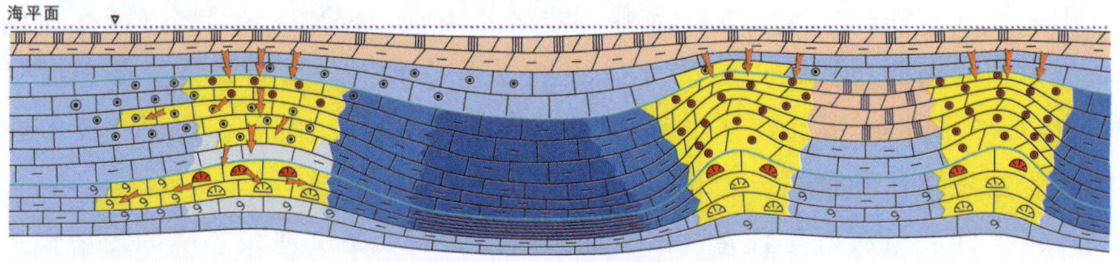

E.浅埋藏环境T_1f^3灰岩压溶溶质迁入，在储层段顶部沉淀方解石胶结物

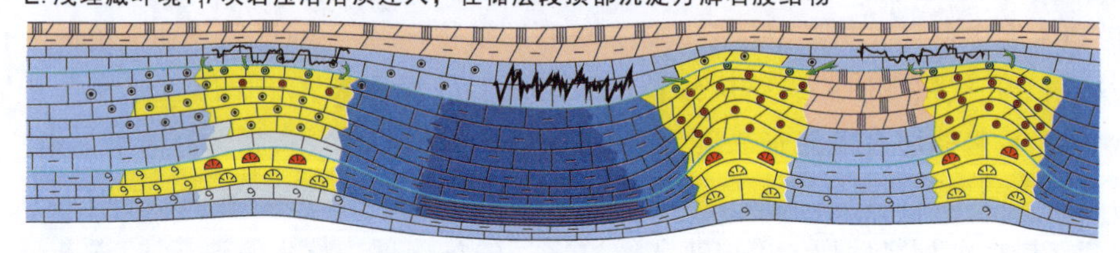

F.原油充注，与地层水SO_4^{2-}发生TSR，诱导方解石、固体沥青、石英沉淀

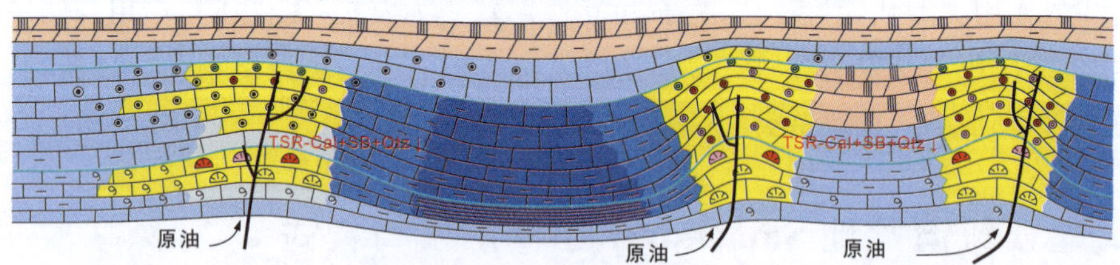

图 5-4　四川盆地东北部长兴组—飞仙关组深层优质白云岩储层发育模式

注：A—C 据 Li 等(2021)。

浅缓坡相鲕粒滩(图 5-5A)。在海平面低位期,盆地内其他区域沉积 Buckner 组砂岩时,鲕粒滩顶部暴露地表接受淡水淋滤,发生同生岩溶作用。与四川盆地普光气田相似,同生岩溶叠加高频沉积旋回,在高频旋回顶部形成铸模孔—中部保留粒间孔—下部泥粒岩和粒泥岩不发育孔隙(图 5-5B)。

在 Buckner 组沉积期海侵阶段,墨西哥湾盆地北部出现蒸发性环境,高盐度海水在下伏 Smackover 组鲕粒滩渗透性层进行渗流,并使其白云岩化。白云岩化过程使一部分鲕粒白云岩转变成晶粒状白云岩,粒间孔转变成为晶间孔,岩石结构的转变提高了储层渗透率(图 5-5C)。同时白云岩化作用还提高了地层在中层埋藏环境的压溶抗性。前人研究表明,同一地区相邻灰岩地层压溶作用强烈,沥青之前方解石完全充填现存孔隙,而白云岩中压溶缝合线数量和压溶胶结物含量明显低于灰岩。

原油充注标志着地层进入中深层埋藏环境,也标志着储层成岩改造类型从压溶作用转变为 TSR。原油参与的 TSR 产物为少量的鞍形白云石胶结物;而天然气参与的 TSR 产物为沥青之后方解石胶结物。两种胶结物的分布与四川盆地飞仙关组 TSR 不同,反映了不同的 SO_4^{2-} 来源。飞仙关组参与 TSR 的 SO_4^{2-} 来源于孔隙中残余地层水,因此 TSR 诱导的方解石胶结物均匀分布于储层油柱和气柱内;而 Smackover 组油藏底水持续从上覆 Buckner 膏岩获得 SO_4^{2-} 补给,成为主要的 SO_4^{2-} 来源,因此 TSR 反应主要在油水/气水界面处进行,也因为近乎无限的 SO_4^{2-} 补给,造成 Smackover 组白云岩储层中天然气几乎耗尽,CH_4 含量仅剩 2%。

三、深部保存高能相-同生岩溶联控成储模式关键地质因素

本模式储层储集空间形成于近地表海水高能沉积相和淡水环境同生岩溶作用。在浅层、中层、中深层—深层埋藏环境,不同的地质因素耦合接力使浅层形成孔隙保存至今(图 5-6)。

1. 沉积环境和同生岩溶造就储层主要储集空间

镶边台地台缘相带和碳酸盐岩缓坡浅缓坡相带鲕粒滩是控制这类储层平面展布的主控因素,向上变浅的高频旋回叠加同生岩溶控制了纵向上的孔隙度(向上升高)和孔隙类型分布。鲕粒岩原生粒间孔可达 40%。

根据淡水影响下的矿物稳定化作用原理,同生岩溶导致鲕粒内部被溶解的同时,在小流量条件下溶解的碳酸盐会沉淀在鲕粒附近充填原生粒间孔,形成以铸模孔为主的鲕粒岩;而大流量条件下会被远距离迁移,形成粒间孔和铸模孔共存的鲕粒岩。前者是孔隙空间和物质的再分布,孔隙度仍保持 40%但渗透率降低,而后者孔隙度将明显高于 40%。

2. 早期固结和白云岩的压溶抗性抑制压实压溶破坏

机械压实作用与鲕粒沉积物有两个阶段的孔隙破坏作用。第一阶段为颗粒重排导致孔隙度下降 10%,第二阶段为脆性颗粒破碎将导致储层孔隙度再下降 10%。深层优质鲕粒白

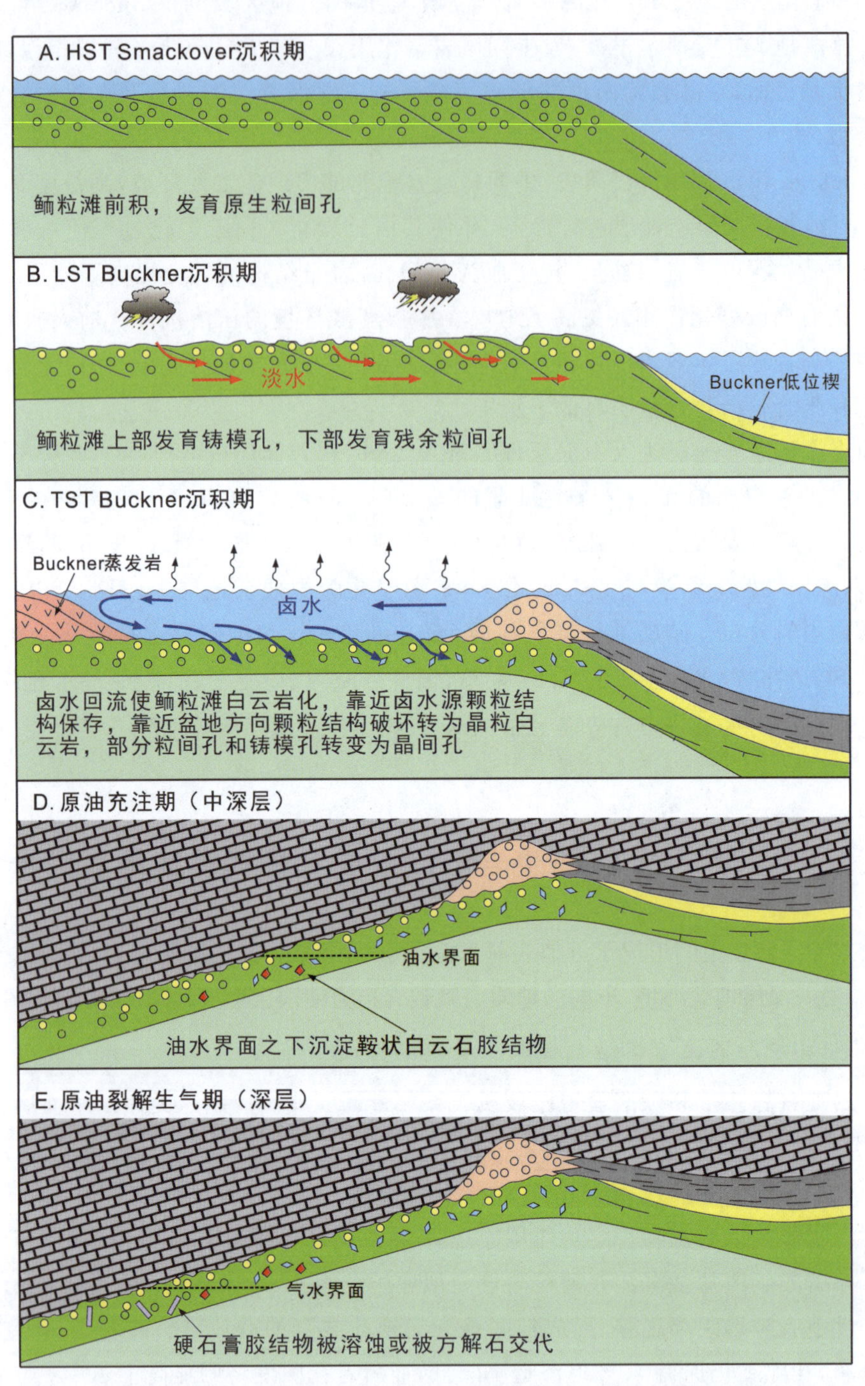

图 5－5　墨西哥湾 Smackover 组深层优质白云岩储层发育模式图

（据 Heydari，1997；Worden et al.，2000；Moore and Wade，2013）

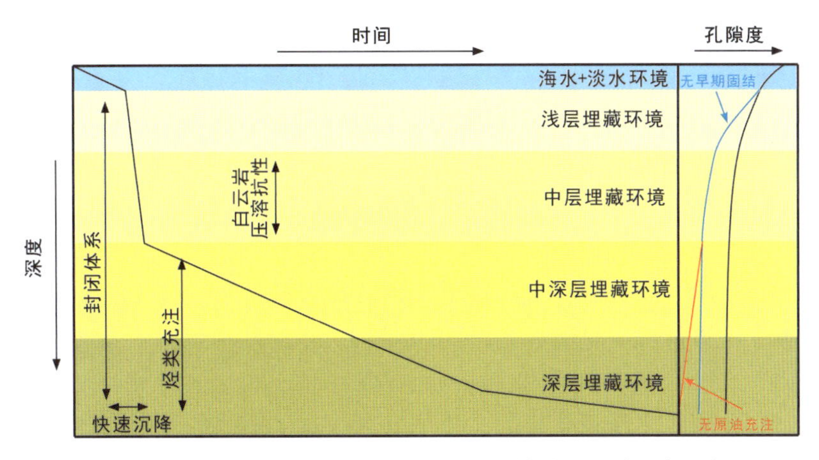

图 5-6 深部保存高能相-同生岩溶联控成储关键地质因素示意图

云岩储层中未见明显颗粒破碎现象，鲕粒在近地表环境下已经普遍被早期海水胶结物和淡水淋滤导致的粒间胶结物固结，因此这类储层颗粒重排和脆性破碎导致的孔隙度降低可能显著低于 10%。

根据 Smackover 组深层鲕粒灰岩的压溶研究，鲕粒灰岩压溶作用持续至 6000m 埋深，压溶作用使孔隙完全丧失。而在鲕粒白云岩储层段，压溶缝合线和压溶成因胶结物并不常见，现今孔隙度可高达 20%以上。

3. 早期原油充注抑制压溶

本模式下原油充注对压溶作用的抑制机理与深部保存高能相控成储模式（本章第一节）相同，直观的储层成岩现象是固体沥青形成之后再无压溶成因胶结物。据此可以推断原油充注越早，对储层孔隙的保存越有利。

4. 深部封闭体系成岩改造有限

对于深部保存型成储模式，储层在埋藏阶段处于封闭体系是一个共同特点。在整个埋藏阶段，显著的储层改造作用只有压溶及相关胶结作用和 TSR。由于普遍的卤水渗透回流白云岩化使地层水富含 SO_4^{2-}，在埋藏环境封闭体系内，TSR 似乎是这类白云岩储层在中深层—深层埋藏环境普遍发生的一种成岩改造类型。根据普光气田飞仙关组白云岩储层中，地层水 SO_4^{2-} 参与 TSR 诱导沉淀的方解石含量大多不超过 3.0%；而根据数值模拟结果，当储层内部硬石膏溶解参与 TSR 反应时，孔隙度的增加也不超过 1%。因此，TSR 对储层的改造无论是以溶蚀为主或是胶结为主，对储层整体孔隙度的影响都有限。

早期固化在浅层埋藏环境抑制了压实作用，白云岩的压溶抗性降低了中层埋藏环境压溶作用对储层的破坏。早期原油充注终止了压溶作用的继续。中深层—深层埋藏环境 TSR 对储层的改造量有限。在没有外源流体侵入的封闭体系中，以上机制使得储层在埋藏环境下的完好保存。

第三节　深部改造表生岩溶控制成储模式

深部改造表生岩溶控制成储模式的储层形成主控因素是表生岩溶。储层大部分储集空间是大气淡水表生岩溶作用下形成的非组构选择性溶孔和洞穴，少量储集空间是浅水高能相中保存的原生粒间孔和同生岩溶作用形成的组构选择性溶孔。储层的发育分布主要受控于岩溶古地貌，在后续埋藏环境下受机械压实和地表淡水深循环或其他外源酸性流体的改造，演化成为现今由古喀斯特洞穴系统、洞穴充填的垮塌角砾岩和洞壁裂纹化白云岩组成的储层。Anadarko 盆地 Arbuckle 群和 Delaware 盆地 Ellenburger 群属于此类成储模式。本节以此二者为例，分别阐述其储层发育过程，并论述了此类模式的 4 种关键地质因素。

一、Anadarko 盆地 Arbuckle 群储层发育模式

Anadarko 盆地 Arbuckle 群沉积于潮坪环境，储集岩类型包括各种微生物岩、鲕粒白云岩和生屑-球粒白云岩，可根据沉积结构准确区分出潮上、潮间和潮下环境(图 5 - 7A)。潮下上部鲕粒滩还保存有少量原生粒间孔和铸模孔，其他相带及其微相类型的原生孔隙在同沉积期海水胶结作用下几乎丧失殆尽。

潮坪环境为白云岩的形成提供了良好条件。潮上带和潮间带白云岩成因属于蒸发白云岩化成因，而潮下带白云岩属于蒸发海水渗透回流白云岩化成因。这两种白云岩化使浅水沉积的 Arbuckle 群在同生期至准同生期完全转变成为白云岩(图 5 - 7B)。

Anadarko 盆地 Arbuckle 群经历了两期表生岩溶作用(图 5 - 7C、D；Fritz，2013)。中奥陶世，Arbuckle 群沉积甫一结束，伴随全球海平面下降，Arbuckle 群暴露地表接受大气淡水岩溶作用，在二级层序界面之下发育岩溶洞穴系统。晚奥陶世，Simpson 表生岩溶期间，Arbuckle 群上部仍处于表生岩溶系统的水平潜流带。两期岩溶作用从 Arbuckle 群顶部向下 125～540m 的厚度范围内形成古喀斯特洞穴及其垮塌角砾岩系统(Lucia，2012)。

早石炭世晚期—早中二叠世，持续的 Ouachita 造山运动在 Anadarko 盆地南侧形成冲断带，并最终导致 Anadarko 盆地南侧的花岗岩基底至上石炭统沉积岩层系隆起形成相对于北侧海相环境的高水头。在水头差的驱动下，大气淡水沿冲断带渗透性层和裂缝下渗到位于前陆地区中层埋藏环境的 Arbuckle 群，并以 Arbuckle 群和其他渗透性层为流动通道向北排泄至地表地水头位置。淡水深循环最显著的产物是角砾内部基质白云石被改造成为粗晶自形和鞍形白云石。淡水深循环过程中可能有溶蚀作用的发生，但溶蚀现象在白云石岩石结构转变过程中被抹消。到中二叠世，地表环境变得更具蒸发性，大气淡水转变为蒸发性海水，蒸发性海水深循环产物为角砾间鞍形白云石胶结物(图 5 - 7E)。与此同时，原油充注进入储层，鞍形白云石胶结停止。此后 Arbuckle 群仅在中晚白垩世发生了少量金属硫化物和方解石胶结物的沉淀。

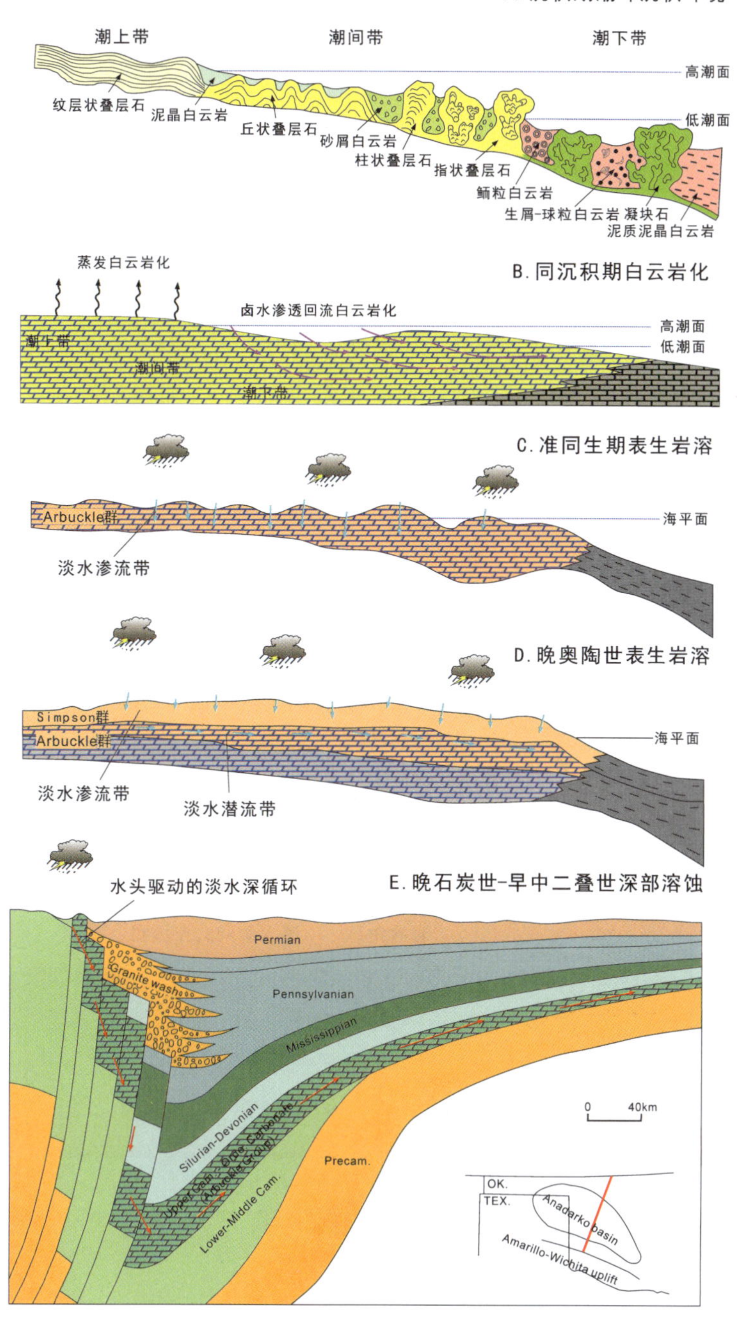

图 5-7 Anadarko 盆地 Arbuckle 群深层优质白云岩储层发育演化模式图

注：A—D 据 Fritz(2013)，E 据 King and Goldstein(2018)。

二、Delaware 盆地 Ellenburger 群储层发育模式

Ellenburger 群与 Arbuckle 群在同一时期沉积于“大北美碳酸盐滩”，Delaware 盆地与 Anadarko 盆地处于相同的潮坪环境，并经历了相似的同生期海水成岩作用和白云岩化作用(图 5－8A)。唯一差异是，Delaware 盆地 Ellenburger 群顶部潮上带还沉积了厚层蒸发岩，但在表生岩溶期被溶解。

Ellenburger 群储层主要形成于中奥陶世不整合形成期间的表生岩溶作用(图 5－8B)。表生岩溶作用持续了几个至几十个百万年，蒸发岩和白云岩的混合岩溶在 Ellenburger 群顶部之下 300～500m 范围内形成了长宽达到千米尺度的洞穴，通过洞壁围岩的破裂和垮塌，不同洞穴可能连通、合并成为更大尺度的洞穴系统。围岩孔隙度一般低于 5%，而洞穴充填的角砾间孔孔隙度在形成之初可达 70%。

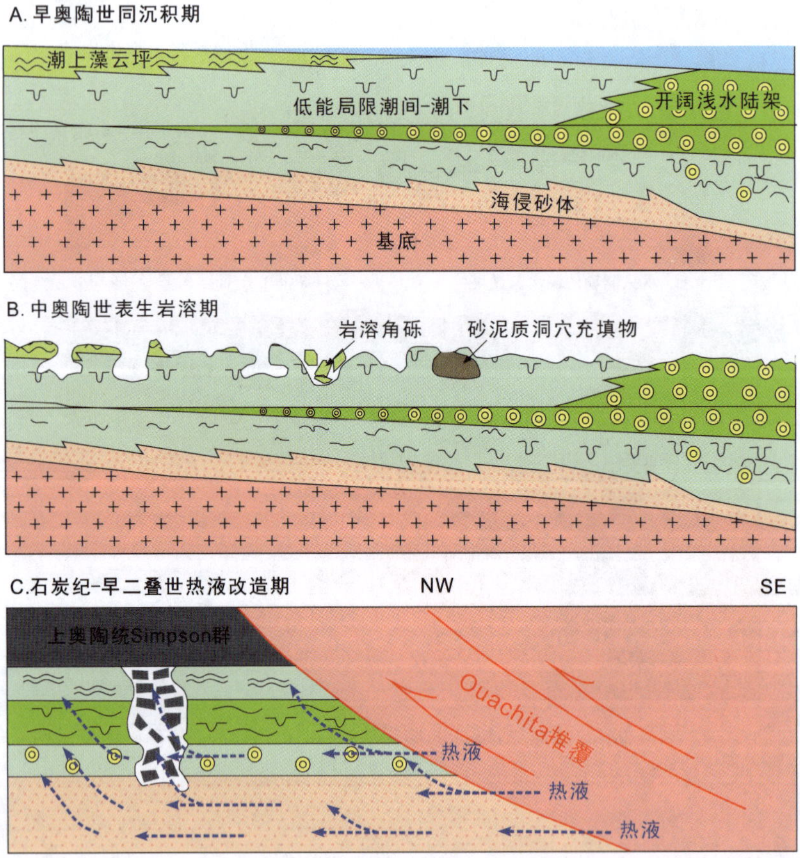

图 5－8 Delaware 盆地 Ellenburger 群深层优质白云岩储层发育模式(据 Loucks，2003)

早石炭世晚期—早中二叠世的Ouachita造山运动同样作用于Delaware盆地。在构造推覆作用下，盆地泥页岩中的酸性流体以Ellenburger群和其他渗透性层为渗流通道向北流动(图5-8C)。酸性流体流动过程中与Ellenburger群白云岩围岩的水岩相互作用类型为鞍形白云石交代角砾内先存白云石和砾间鞍形白云石胶结物沉淀。鞍形白云石的氧同位素在区域内的变化趋势记录了这期流体活动。

三、深部改造表生岩溶控制成储模式关键地质因素

本模式储层储集空间的形成始于大气淡水表生岩溶作用，在浅层—中层埋藏环境以改造为主、中深层—深层埋藏环境以保存为主。储层形成和改造过程的关键地质因素包括以下4个方面(图5-9)。

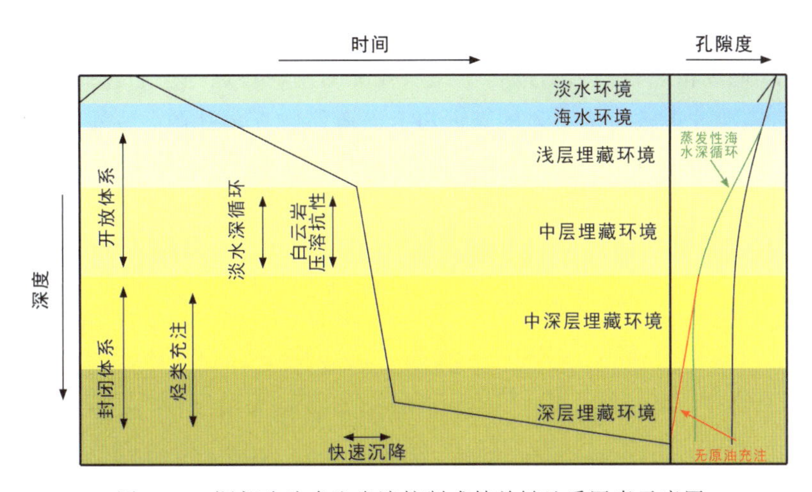

图5-9 深部改造表生岩溶控制成储关键地质因素示意图

1. 表生岩溶造就储层储集空间

表生岩溶通过碳酸盐不饱和的大气淡水对白云岩(和蒸发岩)进行溶蚀，形成非组构选择性孔洞和洞穴。季节变动带和水平径流带具有持续大规模的流体流量，最易发育大型岩溶洞穴系统。因此表生岩溶储层的发育和分布常见受控于地下水排泄基准面。基准面的幕式下降可导致多个洞穴层的形成，在纵向上增加储层段厚度。洞穴系统导致地层初始孔隙度可达70%。

2. 机械压实导致的洞穴垮塌、合并和角砾化

机械压实对表生岩溶型储层的改造为两阶段。第一阶段发生在洞穴系统形成阶段，洞顶和洞壁在上覆地层压力作用下发生裂纹化、破碎直至垮塌和多个洞道的合并，随着不整合面之上地表碎屑岩物质渗入洞穴系统，形成“洞底相—洞穴充填相—洞顶相”的三段式储层

相分布，其中以发育大量砾间孔的洞底相为主力储层段，而以裂隙为主的洞顶相次之。第二阶段发生在更深的埋藏环境，持续增加的上覆地层压力使洞底相粗粒角砾转变为细粒角砾，砾间孔隙进一步被压实，储层物性逐渐变差。而洞顶相进一步破碎、角砾化，转而成为主力储层段。

3. 白云岩的压溶抗性有助于砾间孔保存

由于白云岩在机械和化学上比灰岩更稳定，白云岩中的孔隙通常被保存到比灰岩更深的埋藏深度和更高的温度。Ellenburger 群灰岩角砾间通常由于压溶作用发育压溶缝合线，砾间孔几乎完全丧失，而白云岩角砾间压溶缝合线和相关胶结物不发育(Loucks and Handford，1992)。

4. 中层埋藏环境开放体系地表水深循环热液改造

开放体系在埋藏环境下的储层改造效应与流体性质密切相关。Anadarko 盆地 Arbuckle 群白云岩储层的深循环地表水为大气淡水时，尽管很难判断是否有溶蚀，至少先存细晶粒白云石被改造成粗晶粒白云石改善了储层孔隙结构的渗透性。当深循环地表水转变为蒸发性海水时，储层改造效应为明显的鞍形白云石胶结物充填孔隙。另外，地表淡水的深循环还可能稀释压溶释放的饱和流体，并将其排泄出地层环境，因此对中层埋藏环境压溶作用的改造也有潜在抑制作用。

主要参考文献

毕义泉,田海芹,赵勇生,等,2001.论泥晶套与次生白云岩原岩结构特征的恢复及意义[J].岩石学报,17(3):491-496.

陈宝定,1981.对四川海相碳酸盐岩储层的初步认识[J].天然气工业,3:30-42+77.

陈汉林,杨树锋,董传万,等,1997.塔里木盆地地质热事件研究[J].科学通报,42(10):1096-1098.

陈红汉,鲁子野,曹自成,等,2016.塔里木盆地塔中地区北坡奥陶系热液蚀变作用[J].石油学报,37(1):43-63.

陈彦华,刘莺,孙妥,1987.白云化过程中岩石孔隙体积的变化[J].石油实验地质,7(1):29-37.

陈迎宾,吴小奇,杨俊,等,2021.川西气田雷口坡组雷四3亚段气藏动态成藏过程[J].天然气地球科学,32(11):1656-1663.

陈志勇,李启明,夏斌,2007.川东北地区热化学硫酸盐还原反应机理及成藏效应研究[J].天然气地球科学,5:743-749.

杜春国,郝芳,邹华耀,等,2007.热化学硫酸盐还原作用对碳酸盐岩气藏的化学改造:以川东北地区长兴组—飞仙关组气藏为例[J].地质学报,81(1):119-129.

樊太亮,于炳松,高志前,2007.塔里木盆地碳酸盐岩层序地层特征及其控油作用[J].现代地质,21(1):57-65.

高恒逸,王勇飞,邓美洲,等,2021.川西气田雷四上亚段白云岩储层特征及发育主控因素[J].海相油气地质,26(4):367-374.

关士聪,演怀玉,丘东洲,等,1984.中国海陆变迁、海域沉积相与油气:晚元古代—三叠纪[M].北京:科学出版社.

郭旭升,郭彤楼,黄仁春,等,2010.普光-元坝大型气田储层发育特征与预测技术[J].中国工程科学,12(10):82-90.

韩银学,李忠,沈怀磊,2017.多期流体活动及其白云石化作用:来自塔中1井的岩石学、同位素地球化学证据[J].新疆地质,35(1):79-83.

郝哲敏,许国明,陈洪德,等,2020.川西坳陷马井地区中三叠统雷四^{3}亚段储层孔隙类型与面孔率定量研究[J].石油与天然气地质,41(2):380-392.

何登发,马永生,刘波,等,2019.中国含油气盆地深层勘探的主要进展与科学问题[J].

地学前缘,206(1):1-12.

何宇彬,1991.试论均匀厚层灰岩水动力剖面及实际意义[J].中国岩溶,1:1-12.

何治亮,李双建,刘全有,等,2020.盆地深部地质作用与深层资源[J].石油实验地质,42(5):767-779.

黄思静,2010.碳酸盐岩成岩作用[M].北京:地质出版社.

黄思静,李小宁,兰叶芳,等,2013.海水胶结作用对碳酸盐岩石组构的影响:以四川盆地东北部三叠系飞仙关组为例[J].中南大学学报(自然科学版),44(12):5007-5018.

贾京坤,万丛礼,2012.沾化凹陷罗家地区岩浆活动对油气形成的影响[J].油气地质与采收率,19(6):50-52.

蒋忠诚,袁道先,1999.表层岩溶带的岩溶动力学特征及其环境和资源意义[J].地球学报,3:302-308.

金强,翟庆龙,2003.裂谷盆地的火山热液活动和油气生成[J].地质科学,38(3):413-424.

金之钧,朱东亚,胡文瑄,等,2006.塔里木盆地热液活动地质地球化学特征及其对储层影响[J].地质学报,80(2):245-254.

孔国英,卢景美,周浩玮,等,2017.墨西哥 Sureste 盆地盐相关圈闭发育特征[J].海洋地质前沿,33(3):33-39.

李国蓉,王鑫,周心怀,等,2006.碳酸盐岩层序地层储层预测——十万大山地区的应用[J].石油与天然气地质,27(3):413-421.

李宏涛,胡向阳,史云清,等,2017.四川盆地川西坳陷龙门山前雷口坡组四段气藏层序划分及储层发育控制因素[J].石油与天然气地质,38(4):753-763.

李鸿儒,牛佳文,韩明刚,等,2019.高邮凹陷北斜坡辉绿岩及其接触带储层发育特征与有利油气藏条件[J].地质科技情报,38(2):117-129.

李坤白,云露,蒲仁海,等,2016.塔东顺南1井区火山活动与断裂及热液作用关系[J].地球物理学进展,31(5):1934-1946.

李平平,2009.川东北海相碳酸盐岩层系油气输导体系与富集机理[D].北京:中国石油大学(北京).

李书兵,许国明,宋晓波,2016.川西龙门山前构造带彭州雷口坡组大型气田的形成条件[J].中国石油勘探,21(3):74-82.

李忠,雷雪,宴礼,2005.川东石炭系黄龙组层序地层划分及储层特征分析[J].石油物探,44(1):39-43.

林间,李家彪,徐义刚,等,2019.南海大洋钻探及海洋地质与地球物理前沿研究新突破[J].海洋学报,41(10):125-140.

刘超,谢庆宾,王贵文,等,2015.岩浆侵入作用影响碎屑围岩储层的研究进展与展望[J].地球科学进展,30(6):654-667.

马文辛,2011.渝东地区震旦系灯影组硅质岩特征及成因研究[D].成都:成都理工大学.

马永生,储昭宏,2008.普光气田台地建造过程及其礁滩储层高精度层序地层学研究[J].石油与天然气地质,29(5):548－556.

马永生,郭彤楼,赵雪凤,等,2007.普光气田深部优质白云岩储层形成机制[J].中国科学(D辑:地球科学)(S2):43－52.

马永生,何治亮,赵培荣,等,2019.深层—超深层碳酸盐岩储层形成机理新进展[J].石油学报,40(12):1415－1425.

孟宪武,刘勇,石国山,等,2021.四川盆地川西坳陷中段构造演化对中三叠统雷口坡组油气成藏的控制作用[J].石油实验地质,43(6):986－995.

潘文庆,刘永福,DICKSON J A D,等,2009.塔里木盆地下古生界碳酸盐岩热液岩溶的特征及地质模型[J].沉积学报,27(5):983－994.

邱隆伟,席庆福,刘魁元,2000.山东沾化凹陷罗151井区隐伏辉绿岩的产状及岩相带划分[J].岩石学报,16(3):413－431.

史斗,郑军卫,2001.深盆气、深部气和深层气概念讨论[J].天然气地球科学,12(6):27－32.

唐泽尧,1980.四川海相碳酸盐岩储层的类型与形成条件[J].石油勘探与开发,2:23－35.

妥进才,王先彬,周世新,等,1999.深层油气勘探现状与研究进展[J].天然气地球科学,10(6):1－8.

王浩,2018.四川盆地西部雷口坡组四段微生物碳酸盐岩储层特征及其主控因素[D].成都:成都理工大学.

王民,卢双舫,刘大为,等,2010.岩浆侵入体热传导模型优选及应用[J].吉林大学学报(地球科学版),41(1):1－78.

王一刚,文应初,洪海涛,等,2007.四川盆地三叠系飞仙关组气藏储层成岩作用研究拾零[J].沉积学报,6:831－839.

卫平生,蔡忠贤,潘建国,等,2018.世界典型碳酸盐岩油气田储层[M].北京:石油工业出版社.

吴凤,尹太举,朱永进,2008.普光气田飞仙关组溶蚀机理探讨[J].石油天然气学报,2:203－205.

吴富强,鲜学福,2006.深部储层勘探、研究现状及对策[J].沉积与特提斯地质,26(2):68－71.

吴富强,鲜学福,李后蜀,等,2003.胜利油区渤南洼陷沙四上亚段深部储层形成机理[J].石油学报,24(1):44－48.

肖智勇,2021.撞击过程和内太阳系撞击历史[J].地质学报,95(9):2641－2661.

徐义刚，何斌，罗震宇，等，2013. 我国大火成岩省和地幔柱研究进展与展望[J]. 物岩石地球化学通报，32(1)：25－39.
杨树锋，陈汉林，厉子龙，等，2014. 塔里木早二叠世大火成岩省[J]. 中国科学：地球科学，44(2)：187－199.
姚根顺，周进高，邹伟宏，等，2013. 四川盆地下寒武统龙王庙组颗粒滩特征及分布规律[J]. 海相油气地质，18(4)：1－8.
于炳松，樊太亮，黄文辉，等，2007. 层序地层格架中岩溶储层发育的预测模型[J]. 石油学报，4：41－45.
张健，石耀霖，1997. 沉积盆地岩浆侵入的热模拟[J]. 地球物理学进展，12(3)：55－64.
张旗，金维，王金荣，等，2016. 岩浆热场对油气成藏的影响[J]. 地球物理学进展，31(4)：1525－1541.
张学丰，2009. 川东北地区飞仙关组储层形成与保存机理[D]. 北京：中国石油大学(北京).
张学丰，赫云兰，马永生，等，2011. 川东北飞仙关组沉积控储机理研究[J]. 地学前缘，18(4)：224－235.
赵文智，沈安江，郑剑锋，等，2014. 塔里木、四川及鄂尔多斯盆地白云岩储层孔隙成因探讨及对储层预测的指导意义[J]. 中国科学：地球科学，44(9)：1925－1939.
赵文智，汪泽成，王一刚，2006. 四川盆地东北部飞仙关组高效气藏形成机理[J]. 地质评论，52(5)：708－717.
郑剑锋，沈安江，乔占峰，等，2013. 塔里木盆地下奥陶统蓬莱坝组白云岩成因及储层主控因素分析：以巴楚大班塔格剖面为例[J]. 岩石学报，29(9)：3223－3232.
周浩玮，2017. 墨西哥 Sureste 盆地成藏组合及勘探潜力[J]. 地学前缘，24(3)：249－256.
周立宏，吴永平，肖敦清，等，2000. 黄骅坳陷第三系火成岩与油气藏关系探讨[J]. 石油学报，21(6)：29－34.
周世新，王先彬，妥进才，等，1999. 深层油气地球化学研究新进展[J]. 天然气地球科学，10(6)：915.
AHARON P，SOCKI R A，CHAN L，1987. Dolomitization of atolls by sea water convective flow：test of a hypothesis at Niue，South Pacific[J]. Journal of Geology，95：187－203.
ALSHARHAN A S，2006. Sedimentological character and hydrocarbon parameters of the Middle Permian to Early Triassic Khuff Formation，United Arab Emirates[J]. GeoArabia，11(3)：121－158.
ALSHARHAN A S，NAIRN A E M，1997. Sedimentary basins and petroleum geology of the Middle East[M]. Amsterdam：Elsevier.

AL-QATTAN, M A, 2014. Microfacies, diagenesis, stable isotope geochemistry, and reservoir characterization of the Late Permian Khuff-C reservoir, southern Ghawar Field, Saudi Arabia[D]. Boulder: University of Colorado at Boulder.

AL-QATTAN M A, BUDD D A, 2017. Dolomite and dolomitization of the Permian Khuff-C reservoir in Ghawar field, Saudi Arabia[J]. AAPG Bulletin, 101(10): 1715 - 1745.

AMTHOR J E, FRIEDMAN G M, 1991. Dolomite-rock textures and secondary porosity development in Ellenburger Group carbonates (Lower Ordovician), west Texas and southeastern New Mexico[J]. Sedimentology, 38: 343 - 362.

ANDREWS L M, RAILSBACK L B, 1997. Controls on stylolite development: morphologic, lithologic, and temporal evidence from bedding-parallel and transverse stylolites from the U. S. Appalachians[J]. The Journal of Geology, 105: 59 - 73.

AZOMANI E, AZMY K, BLAMEY N, et al., 2013. Origin of Lower Ordovician dolomites in eastern Laurentia: Controls on porosity and implications from geochemistry[J]. Marine and Petroleum Geology, 40: 99 - 114.

BAILEY Ⅲ P A, 2018. Diagensis of the Arbuckle Group in northeastern and north-central Oklahoma, USA[D]. Stillwater: Oklahoma State University.

BAKER J C, BAI G P, HAMILTON P J, et al., 1995. Continental - Scale Magmatic Carbon Dioxide Seepage Recorded by Dawsonite in the Bowen - Gunnedah - Sydney Basin System, Eastern Australia[J]. Journal of Sedimentary Research, 65(3): 522 - 530.

BARKER C E, BONE Y, LEWAN M D, 1998. Fluid inclusion and vitrinite - reflectance geothermometry compared to heat - flow models of maximum paleotemperature next to dikes, western onshore Gippsland Basin, Australia[J]. International Journal of Coal Geology, 37(1 - 2): 73 - 111.

BATHURST R G C, 1975. Carbonate Sediments and Their Diagenesis[M]. Amsterdam: Elsevier.

BATHURST R G C, 1979. Diagenesis in carbonate sediments: A review[J]. Geologische Rundschau, 68: 848 - 855.

BAUD P, ROLLAND A, HEAP M, et al., 2016. Impact ofstylolites on the mechanical strength of limestone[J]. Tectonophysics, 690: 4 - 20.

BEAUDOIN N, LACOMBE O, KOEHN D, et al., 2020. Vertical stress history and paleoburial in foreland basins unravelled by stylolite roughness paleopiezometry: Insights from bedding-parallel stylolites in the Bighorn Basin, Wyoming, USA[J]. Journal of Structural Geology, 136: 104061.

BEAVINGTON - PENNEY S J, NADIN P, WRIGHT V P, et al., 2008. Reservoir quality variation in an Eocene carbonate ramp, El Garia Formation, offshore Tunisia: Structural control of burial corrosion and dolomitization[J]. Sedimentary Geology, 209: 42 - 57.

BECKER S, REUNING L, AMTHOR J E, et al., 2019. Diagenetic Processes and Reservoir Heterogeneity in Salt - Encased Microbial Carbonate Reservoirs (Late Neoproterozoic, Oman)[J]. Geofluids, 5647857.

BEN - ITZHAK L L, AHARONOV E, TOUSSAINT R, et al., 2012. Upper bound on stylolite roughness as indicator for amount of dissolution[J]. Earth and Planetary Science Letters, 337 - 338: 186 - 196.

BEN - ITZHAK L L, AHARONOV E, KARCZ Z, et al., 2014. Sedimentary stylolite networks and connectivity in limestone: Large - scale field observations and implications for structure evolution[J]. Journal of Structural Geology, 63: 106 - 123.

BIEHL B C, REUNING L, SCHOENHERR J, et al., 2016. Impacts of hydrothermal dolomitization and thermochemical sulfate reduction on secondary porosity creation in deeply buried carbonates: A case study from the Lower Saxony Basin, northwest Germany[J]. AAPG Bulletin, 100(4): 597 - 621.

BILDSTEIN O, WORDEN R H, BROSSE E, 2001. Assessment of anhydrite dissolution as the rate-limiting step during thermochemical sulfate reduction[J]. Chemical Geology, 176(1 - 4): 173 - 189.

BJØRLYKKE K, 2010. Petroleum geoscience: From sedimentary environments to rock physics[M]. Berlin: Springer Science and Business Media.

BJØRLYKKE K, EGEBERG P K, 1993. Quartz cementation in sedimentary basins [J]. AAPG Bulletin, 77(9): 1538 - 1548.

BLOCH S, LANDER R H, BONNELL L, 2002. Anomalously high porosity and permeability in deeply buried sandstone reservoirs: origin and predictability[J]. AAPG Bull, 86: 301 - 328.

BRAUCKMANN F J, FÜCHTBAUER H, 1983. Alterations of Cretaceous siltstones and sandstones near basalt contacts (Nûgssuaq, Greenland)[J]. Sedimentary Geology, 35: 193 - 213.

BURCHETTE T P, WRIGHT V P, 1992. Carbonate ramp depostional systems[J]. Sedimentary Geology, 79: 3 - 57.

BUXTON T M, SIBLEY D F, 1981. Pressure solution features in a shallow - buried limestone[J]. Journal of Sedimentary Petrology, 51(1): 19 - 26.

CAI C F, HE W, JIANG L, et al., 2014. Petrological and geochemical constraints on porosity difference between Lower Triassic sour-and sweet-gas carbonate reservoirs in the Sichuan Basin[J]. Marine and Petroleum Geology, 56: 34 - 50.

CARDOSO M, CHEMALE F, ENGELMANN DE OLIVEIRA C H, et al., 2020. Thermal history of potential gas reservoir rocks in the eastern Parnaíba Basin, Brazil[J]. AAPG Bulletin, 104(2): 305 - 328.

CHOQUETTE P W, HIATT E E, 2008. Shallow - burial dolomite cement: a major component of many ancient sucrosic dolomites [J]. Sedimentology, 55 (2): 423 - 460.

CHOQUETTE P W, JAMES N P, 1987. Diagenesis 12. Diagenesis in limestones: 3. The deep burial environment. Geoscience Canada, 14: 3 - 35.

CHOQUETTE P, PRAY L, 1970. Geologic nomenclature and classification of porosity in sedimentary carbonates[J]. AAPG Bull, 54: 207 - 250.

CHRIST N, IMMENHAUSER A, WOOD R A, 2015. Petrography and environmental controls on the formation of Phanerozoic marine carbonate hardgrounds[J]. Earth - Science Reviews, 151: 176 - 226.

COOGAN A H, MANUS R W, 1975. Compaction and diagenesis of carbonate sands [M]//Chilingarian G V, Wolf K H. Compaction of Coarse - Grained Sediments. Amsterdan: Elsevier: 76 - 166.

COZZI A, REA G, CRAIG J, 2012. From global geology to hydrocarbon exploration: Ediacaran - Early Cambrian petroleum plays of India, Pakistan and Oman [M]//Bhat G M, Craig J, Thurow J W, et al. Geology and hydrocarbon potential of Neoproterozoic - Cambrian Basins in Asia. London: London Geological Society London Special Publications, 366: 131 - 162.

CROIZÉ D, BJØRLYKKE K, JAHREN J, et al., 2010. Experimental mechanical and chemical compaction of carbonate sand[J]. Journal of Geophysical Research, 115: B11204.

DAVIES G, SMITH L, 2006. Structurally controlled hydrothermal dolomite reservoir facies: An overview[J]. AAPG Bulletin, 90(11): 1641 - 1690.

DAVISON I, PINDELL J, HULL J, 2021. The basins, orogens and evolution of the southern Gulf of Mexico and Northern Caribbean[J]. Geological Society, London, Special Publications, 504(1): 1 - 27.

DE ROS L F, 1998. Heterogeneous generation and evolution of diageneticquartzarenites in the Silurian - Devonian Fumas Formation of the Paran Basin, southern Brazil [J]. Sedimentary Geology, 116: 99 - 128.

DING Y，LI Z，LIU S，et al.，2021. Sequence stratigraphy and tectono－depositional evolution of a late Ediacaran epeiric platform in the upper Yangtze area，South China[J]. PrecambrianResearch，354：106077.

DONG S，CHEN D，QING H，et al.，2013. Hydrothermal alteration of dolostones in the Lower Ordovician，Tarim Basin，NW China：Multiple constraints from petrology，isotope geochemistry and fluid inclusion microthermometry[J]. Marine and Petroleum Geology，46：270－286.

DONG S，CHEN D，ZHOU X，et al.，2017. Tectonically driven dolomitization of Cambrian to Lower Ordovician carbonates of the Quruqtagh area，north－eastern flank of Tarim Basin，north－west China[J]. Sedimentology，64(4)：1079－1106.

DYMAN T S，CROVELLI R A，BARTBERGER C E，et al.，2002. Worldwide Estimates of Deep Natural Gas Resources Based on the U. S. Geological Survey World Petroleum Assessment 2000[J]. Natural Resources Research，11(3)：207－218.

EHRENBERG S N，2006. Porosity destruction in carbonate platforms[J]. Journal of Petroleum Geology，29(1)：41－52.

EHRENBERG S N，MORAD S，LIU Y，et al.，2016. Stylolites and porosity in a Lower Cretaceous limestone reservoir，onshore Abu Dhabi，U. A. E[J]. Journal of Sedimentary Research，86：1228－1247.

EHRENBERG S N，NADEAU P H，2005. Sandstone vs. carbonate petroleum reservoirs：A global perspective on porosity－depth and porosity－permeability relationships[J]. AAPG Bulletin，89(4)：435－445.

EHRENBERG S N，NADEAU P H，AQRAWI A A M，2007. A comparison of Khuff and Arab reservoir potential throughout the Middle East[J]. AAPG Bulletin，91(3)：275－286.

EHRENBERG S N，NADEAU P H，STEEN Ø，2009. Petroleum reservoir porosity versus depth：Influence of geological age[J]. AAPG Bulletin，93(10)：1281－1296.

EHRENBERG S N，WALDERHAUG O，BJØRLYKKE K，2012. Carbonate porosity creation by mesogenetic dissolution：Reality or illusion? [J]. AAPG Bulletin，96(2)：217－233.

ERWIN C R，EBY D E，WHITESIDES JR V S，1979. Clasticity index：a key to correlating depositional and diagenetic environments of Clasticity Index：A Key to Correlating Depositional and Diagenetic Environments of Smackover Reservoirs，Oaks Field，Claiborne Parish，Louisiana[J]. Transactions of the Gulf Coast Association of Geological Societies，29：52－59.

ESTEBAN M, TABERNER C, 2003. Secondary porosity development during late burial in carbonate reservoirs as a result of mixing and/or cooling of brines[J]. Journal of Geochemical Exploration, 78 - 79: 355 - 359.

FANTLE M S, BARNES B D, LAU K V, 2020. The role of diagenesis in shaping the geochemistry of the marine carbonate record[J]. Annual Review of Earth and Planetary Sciences, 48: 549 - 583.

FJELDSKAAR W, HELSET H M, JOHANSEN H, et al., 2008. Thermal modelling of magmatic intrusions in the Gjallar Ridge, Norwegian Sea: implications for vitrinite reflectance and hydrocarbon maturation[J]. Basin Research, 20: 143 - 159.

FRITZ R D, MEDLOCK P, KUYKENDALL M J, et al., 2013. The Geology of the Arbuckle Group in the Midcontinent: Sequence Stratigraphy, Reservoir Development, and the Potential for Hydrocarbon Exploration[J]. AAPG Annual Convention and Exhibition, Pittsburgh, Pennsylvania, Search and Discovery Article, 30266.

FRUTH L S, ORME G R, DONATH F A, 1966. Experimental compaction effects in carbonate sediments[J]. Journal of Sedimentary Petrology, 36: 747 - 754.

GALLOWAY W E, 2008. Depositional Evolution of the Gulf of Mexico Sedimentary Basin[J]. Sedimentary Basins of the World, 5: 505 - 549.

GARCIA - RIOS M, CAMA J, LUQUOT L, et al., 2014. Interaction between CO_2 - rich sulfate solutions and carbonate reservoir rocks from atmospheric to supercritical CO_2 conditions: Experiments and modeling[J]. Chemical Geology, 383: 107 - 122.

GIRARD J, DEYNOUX M, NAHON D, 1989. Diagenesis of the upper Proterozoic siliciclastic sediments of the Taoudeni Basin (west Africa) and relation to disease emplacement[J]. Journal of Sedimentary Petrology, 59(2): 233 - 248.

GRAJALES - NISHIMURA J M, CEDILLO - PARDO E, ROSALES - DOMINGUEZ C, et al., 2000. Chicxulub impact; the origin of reservoir and seal facies in the southeastern Mexico oil fields[J]. Geology, 28(4): 307 - 310.

GROTZINGER J, AL - RAWAHI Z, 2014. Depositional facies and platform architecture of microbialite - dominated carbonate reservoirs, Ediacaran - Cambrian Ara Group, Sultanate of Oman[J]. AAPG Bulletin, 98(8): 1453 - 1494.

HAILE B G, CZARNIECKA U, XI K, et al., 2019. Hydrothermally induced diagenesis: Evidence from shallow marine deltaic sediments, Wilhelmøya, Svalbard[J]. Geoscience Frontiers, 10: 629 - 649.

HAO F, GUO T, ZHU Y, et al., 2008. Evidence for multiple stages of oil cracking and thermochemical sulfate reduction in thePuguang gas field, Sichuan Basin, China [J]. AAPG Bulletin, 92(5): 611-637.

HAO F, ZHANG X F, WANG C W, et al., 2015. The fate of CO_2 derived from thermochemical sulfate reduction (TSR) and effect of TSR on carbonate porosity and permeability, Sichuan Basin, China[J]. Earth-Science Reviews, 141: 154-177.

HAO F, ZOU H Y, GONG Z S, et al., 2007. Hierarchies of overpressure retardation of organic matter maturation: case studies from petroleum basins in China[J]. AAPG Bull, 91: 1467-1498.

HASSAN H M, KORVIN G, ABDUIRAHEEM A, 2002. Fractal and genetic aspects of Khuff reservoir stylolites, Eastern Saudi Arabia[J]. The Arabian Journal for Science and Engineering, 27(1A): 31-56.

HEASLEY E C, WORDEN R H, HENDRY J P, 2000. Cement distribution in a carbonate reservoir: Recognition of a paleo oil-water contact and its relationship to reservoir quality in the Humbly Grove field, onshore, United Kingdom[J]. Marine and Petroleum Geology, 17: 639-654.

HEWARD A P, CHUENBUNCHOM S, MAKEL G, et al., 2000. Nang Nuan oil field, B6/27, Gulf of Thailand: Karst reservoirs of meteoric or deep-burial origin? [J]. Petroleum Geoscience, 6: 15-27.

HEYDARI E, 1997. The role of burial diagenesis in hydrocarbon destruction and H_2S accumulation, upper Jurassic Smackover Formation, Black Creek field, Mississippi [J]. AAPG Bulletin, 81(1): 26-45.

HEYDARI E, 2000. Porosity loss, fluid flow and mass transfer in limestone reservoirs: Application to the Upper Jurassic Smackover Formation, Black Creek Field, Mississippi[J]. AAPG Bulletin, 84: 100-118.

HEYDARI E, MOORE C H, 1989. Burial diagenesis and thermochemical sulfate reduction, Smackover Formation, southeastern Mississippi salt basin[J]. Geology, 17: 1080-1084.

HIGLEY D K, 2013. 4D petroleum system model of the Mississippian System in the Anadarko Basin Province, Oklahoma, Kansas, Texas, and Colorado,USA[J]. The Mountain Geologist, 50(3): 81-98.

HIRANI J, BASTESEN E, BOYCE A, et al., 2018. Structural controls on non-fabric-selective dolomitization within rift-related basin-bounding normal fault systems: Insights from the Hammam Faraun Fault, Gulf of Suez, Egypt. Basin Research, 30(5): 990-1014.

HOVER-GRANATH V C, PAPIKE J J, LABOTKA T C, 1983. The Notch Peak contact metamorphic aureole, Utah: petrology of the Big Horse limestone member of the Orr formation[J]. GSA Bulletin, 94: 889-906.

HU A, SHEN A, WANG Y, et al., 2019. The geochemical characteristics and origin analysis of the botryoidal dolomite in the UpperSinian Dengying Formation in the Sichuan Basin, China[J]. Journal of Natural Gas Geoscience, 4: 93-100.

HUMPHREY E, GOMEZ-RIVAS E, NEILSON J, et al., 2020. Quantitative analysis of stylolite networks in different platform carbonate facies[J]. Marine and Petroleum Geology, 114: 104203.

HUNTOON P W, 1992. Hydrogeologie Characteristics and Deforestation of the Stone Forest Karst Aquifers of South China[J]. Groundwater, 30(2): 167-176.

IRWIN M L, 1965. General theory of epeiric: clear waler sedimentation[J]. AAPG Bulletin, 49: 445-459.

IYER K, SVENSEN H, SCHMID D W, 2018. SILLi 1.0: a 1-D numerical tool quantifying the thermal effects of sill intrusions[J]. Geoscientific Model Development, 11: 43-60.

JAEGER J C, 1959. Temperatures outside a cooling intrusive sheet[J]. American Journal of Science, 257: 44-54.

JAMESON J, 1994. Models of porosity formation and their impact on reservoir description, Lisburne field, Prudhoe Bay, Alaska[J]. AAPG Bulletin, 78: 1651-1678.

JENDEN P D, TITLEY P A, WORDEN R H, 2015. Enrichment of nitrogen and ^{13}C of methane in natural gases from the Khuff Formation, Saudi Arabia, caused by thermochemical sulfate reduction[J]. Organic Geochemistry, 82: 54-68.

JIANG L, WORDEN R H, CAI C F, 2014. Thermochemical sulfate reduction and fluid evolution of the Lower Triassic Feixianguan Formation sour gas reservoirs, northeast Sichuan Basin, China[J]. AAPG Bulletin, 98(5): 947-973.

JIANG L, WORDEN R H, YANG C, 2018. Thermochemical sulphate reduction can improve carbonate petroleum reservoir quality[J]. Geochimica et Cosmochimica Acta, 223: 127-140.

JIN Z, ZHU D, HU W, et al., 2009. Mesogenetic dissolution of the Middle Ordovician limestone in the Tahe oil field of Tarim Basin, northwest China[J]. Marine and Petroleum Geology, 26: 753-763.

JIN Z J, ZHU D Y, ZHANG X F, et al., 2006. Hydrothermally fluoritized Ordovician carbonates as reservoir rocks in the Tazhong area, central Tarim basin, NW China[J]. Journal of Petroleum Geology, 29(1): 27-40.

JONAS L, MÜLLER T, DOHMEN R, et al., 2015. Transport - controlled hydrothermal replacement of calcite by Mg - carbonates[J]. Geology, 43(9): 779 - 782.

JONES B, 2004. Petrography and Significance of Zoned Dolomite Cements from the Cayman Formation (Miocene) of Cayman Brac, British West Indies[J]. Journal of Sedimentary Research, 1: 95 - 105.

JONES G D, XIAO Y, 2005. Dolomitization, anhydrite cementation, and porosity evolution in a reflux system: Insights from reactive transport models[J]. AAPG Bulletin, 89(5): 577 - 601.

KARACA E, 2015. Pore Structure and Petrophysical Characterization of Hamelin Pool Stromatolites and Pavements, Shark Bay, Western Australia[D]. Miami: University of Miami.

KAUFMAN J, 1994. Numerical models of fluid flow in carbonate platforms[J]. Journal of Sedimentary Research, 64: 128 - 139.

KERANS C, 1988. Karst - controlled reservoir heterogeneity in Ellenburger Group carbonate of West Texas[J]. AAPG Bulletin, 72(10): 1160 - 1183.

KING B D, GOLDSTEIN R H, 2018. History of hydrothermal fluid flow in the midcontinent, USA: the relationship between inverted thermal structure, unconformities and porosity distribution[J]. Geological Society, London, Special Publications, 435(1): 283 - 320.

KLIMCHOUK A, 2009. Morphogenesis of hypogenic caves[J]. Geomorphology, 106 (1): 100 - 117.

KLIMCHOUK A, AKSEM S D, 2002. Gypsum karst in the western Ukraine: Hydrochemistry and solution rates[J]. Carbonates & Evaporites, 17(2): 142 - 153.

KNAUST D, 2009. Ichnology as a tool in carbonate reservoir characterization: A case study from the Permian - Triassic Khuff Formation in the Middle East[J]. GeoArabia, 14(3): 17 - 38.

KOEHN D, ROOD M P, BEAUDOIN N, 2016. A new stylolite classification scheme to estimate compaction and local permeability variations[J]. Sedimentary Geology, 346: 60 - 71.

KOPASKA - MERKEL D C, SCHMOKER J W, 1994. Regional porosity evolution in the Smackover Formation of Alabama [J]. Carbonate and Evapotites, 9 (1): 58 - 75.

KUPECZ J A, LAND L S, 1991. Late - stage dolomitization of the Lower Ordovician Ellenburger group, West Texas[J]. Journal of Sedimentary Petrology, 61 (4): 551 - 574.

LAMBERT L, DURLET C, LOREAU J, et al., 2006. Burial dissolution of micrite in Middle East carbonate reservoirs (Jurassic - Cretaceous): keys for recognition and timing[J]. Marine and Petroleum Geology, 23(1): 79 - 92.

LANDER R H, WALDERHAUG O, 1999. Reservoir quality prediction through simulation of sandstone compaction and quartz cementation[J]. AAPG Bull, 83: 433 - 449.

LANDES K K, 1960. Porosity through dolomitization[J]. AAPG Bulletin, 30: 305 - 318.

LAPORTE L F, 1967. Carbonate deposition near mean sea - level and resultant facies mosaic: Manlius Formation (Lower Devonian) of New York State[J]. AAPG Bulletin, 51: 73 - 101.

LEACH D L, PLUMLEE G S, HOFSTRA A H, 1991. Origin of late dolomite cement by CO_2 saturated deep basin brines: Evidence from the Ozark region, central United States[J]. Geology, 19: 348 - 351.

LI P, HAO F, GUO X S, et al., 2016. Origin and distribution of hydrogen sulfide in the Yuanba gas field, Sichuan Basin, Southwest China[J]. Marine and Petroleum Geology, 75: 220 - 239.

LI P, HAO F, ZHANG B, et al., 2015. Heterogeneous distribution of pyrobitumen attributable to oil cracking and its effect on carbonate reservoirs: Feixianguan Formation in the Jiannan gas field, China[J]. AAPG Bulletin, 99(4): 763 - 789.

LI P, ZOU H, HAO F, et al., 2019. Sulfate Sources of Thermal Sulfate Reduction (TSR) in the Permian Changxing and Triassic Feixianguan Formations, Northeastern Sichuan Basin, China[J]. Geofluids, 121:5898901.

LI P, ZOU H, YU X, et al., 2021. Source of dolomitizing fluids and dolomitization model of the upper Permian Changxing and Lower Triassic Feixianguan formations, NE Sichuan Basin, China[J]. Mar. Petrol. Geol, 125: 104834.

LIU W, QIU N, XU Q, et al., 2018. The evolution of pore - fluid pressure and its causes in the Sinian - Cambrian deep carbonate gas reservoirs in central Sichuan Basin, southwestern China[J]. Journal of Petroleum Science and Engineering, 169: 96 - 109.

LLOYD M K, EILER J M, NABELEK P I, 2017. Clumped isotope thermometry of calcite and dolomite in a contact metamorphic environment[J]. Geochimica et Cosmochimica Acta 197: 323 - 344.

LOUCKS R G, 1999. Paleocave carbonate reservoirs: origins, burial - depth modifications, Spatial complexity, and reservoir implication[J]. AAPG Bulletin, 83(11): 1795 - 1934.

LU P, LUO P, WEI W, et al., 2022. Effects of gas saturation and reservoir heterogeneity on thermochemical sulfate reduction reaction in a dolomite reservoir, Puguang gas field, China[J]. Marine and Petroleum Geology, 135: 105402.

LUCIA F J, MAJOR R P, 1994. Porosity evolution through hypersaline reflux dolomitization[M]//Purser B H, Tucker M E, Zenger D H, et al.. Dolomites - Avolume in Honour of Dolomieu. IAS, Special Publications, 21: 325 - 341.

LUCIA J F, 2004. Origin andpetropgysics of dolostone pore spave. In: Braithwaite, C. J. R, Rizzi, G. Darke, G. (Eds.), The Geometry and Petrogenesis of Dolomite Hydrocarbon Reservoirs [J]. Geological Society, London, Special Publications, 235: 141 - 155.

LUO B, YANG Y, ZHOU G, 2018. Basic characteristics and accumulation mechanism of Sinian - Cambrian giant highly mature and oil - cracking gas reservoirs in the Sichuan Basin, SW China[J]. Energy Exploration & Exploitation, 36(4): 568 - 590.

MACHEL H G, 2004. Concepts and models of dolomitization: a critical reappraisal [M]//BRAITHWAITE C J R, RIZZI G, DARKE G. The Geometry and Petrogenesis of Dolomite Hydrocarbon Reservoirs. London: Geological Society, London, Special Publications, 235: 7 - 63.

MACHEL H G, 2005. Investigations of Burial Diagenesis in Carbonate Hydrocarbon Reservoir Rocks[J]. Geoscience Canada, 32(3): 103 - 128.

MALIVA R G, KNOLL A H, SIMONSON B M, 2005. Secular change in the Precambrian silica cycle: insights from chert petrology[J]. GSA. Bulletin, 117: 835 - 845.

MANZANO B K, FOWLER M G, MACHEL H G, 1997. The influence of thermochemical sulphate reduction on hydrocarbon composition in Nisku reservoirs, Brazeau River area, Alberta, Canada [J]. Organic Geochemistry, 27 (7 - 8): 507 - 521.

MAZZULLO S J, HARRIS P M, 1992. Mesogenetic dissolution: Its role in porosity development in carbonate reservoirs[J]. AAPG Bulletin, 76:607 - 620.

MCKINLEY J M, WORDEN R H, RUFFELL A H, 2001. Contact Diagenesis: The Effect of an Intrusion on Reservoir Quality in the Triassic Sherwood Sandstone Group, Northern Ireland[J]. Journal of Sedimentary Research, 71(3): 484 - 495.

MELAS F F, FRIEDMAN G M, 1992. Petrophysical characteristics of the Jurassic Smackover Formation, Jay Field, Conecuh Embayment, Alabama and Florida[J]. AAPG Bulletin, 76(1): 81 - 100.

MEYERS W J，1974. Carbonate cement stratigraphy of the Lake Valley formation (Mississippian)，Sacramento mountains，New Mexico[J]. Journal of Sedimentary Petrology，44：837－861.

MOORE C H，1989. Carbonate Diagenesis and Porosity[M]. New York：Elsevier.

MOORE C H，CHOWDHURY A，CHAN L，1988. Upper Jurassic Smackover platform dolomitization，northwestern Gulf of Mexico：A tale of two waters[J]. Sedimentology and Geochemistry of Dolostones，SEPM Special Publication，43：175－189.

MOORE C H，DRUCKMAN Y，1981. Burial diagenesis and porosity evolution，Upper Jurassic Smackover，Arkansas and Louisiana[J]. AAPG Bull，65：597－628.

MORAD D，NADER F H，MORAD S，et al.，2018. Impact of stylolitization on fluid flow and diagenesis in foreland basins：evidence from an Upper Jurassic carbonate gas reservoir，Abu Dhabi，United Arab Emirates[J]. Journal of Sedimentary Research，88：1345－1361.

MORROW D W，1982. Diagenesis 1. Dolomite－Part 1：The chemistry of dolomitization and dolomite precipitation[J]. Geoscience Canada，9：5－13.

MURILLO－MUÑETÓN G，GRAJALES－NISHIMURA J M，CEDILLO－PARDO E，et al.，2002. Stratigraphic architecture and sedimentology of the main oil－producing stratigraphic interval at the Cantarell oil field：the K/T boundary sedimentary succession[J]. SPE Journal，135：74431.

MURRAY R C，1960. Origin of porosity in carbonate rocks[J]. Journal of Sedimentary Petrology，30：59－84.

NADER F H，SWENNEN R，ELLAM R，2004. Reflux stratabound dolostone and hydrothermal volcanism－associated dolostone：a two－stage dolomitization model (Jurassic，Lebanon). Sedimentology，51(2)：339－360.

NEILSON J E，OXTOBY N H，2008. The relationship between petroleum，exotic cements and reservoir quality in carbonates－A review[J]. Marine and Petroleum Geology，25：778－790.

NEILSON J E，OXTOBY N H，SIMMINOS M D，et al.，1998. The relationship between petroleum emplacement and carbonate reservoir quality：examples from Abu Dhabi and the Amu Draya basin[J]. Marine Petroleum Geology，15：57－72.

NGUYEN B T T，JONES S J，GOULTY N R，et al.，2013. The role of fluid pressure and diagenetic cements for porosity preservation in Triassic fluvial reservoirs of the Central Graben，North Sea[J]. AAPG Bull，97：1273－1302.

PALM E, 1990. Rayleigh Convection, Mass Transport, and Change in Porosity in Layers of Sandstone[J]. Journal of Geophysical Research, 95(B6): 8675－8679.

PARK W, SCHOT E H, 1968. Stylolitization in Carbonate Rocks[M]//MÜLLER G, et al. Recent Developments in Carbonate Sedimentology in Central Europe. Berlin Heidelerg: Springer: 66－74.

PEACOCK D C P, KORNEVA I, NIXON C W, et al., 2017. Changes of scaling relationships in an evolving population: The example of "sedimentary" stylolites[J]. Journal of Structural Geology, 96: 118－133.

PENG B, LI Z, LI G, et al., 2018. Multiple Dolomitization and Fluid Flow Events in the Precambrian Dengying Formation of Sichuan Basin, Southwestern China[J]. ACTA GEOLOGICA SINICA (English Edition), 92(1): 311－332.

PETERS J M, FILBRANDT J B, GROTZINGER J P, et al., 2003. Surface－piercing salt domes of interior North Oman, and their significance for the Ara carbonate 'stringer' hydrocarbon play[J]. GeoArabia, 8(2): 231－270.

PRATHER B E, 1992. Origin of dolostone reservoir rocks, Smackover Formation (Oxfordian), northeastern Gulf Coast, USA [J]. AAPG Bulletin, 76 (2): 133－163.

PRIMIO R D, LEYTHAEUSER D, 1995. Quantification of the effect of carbonate redistribution by pressure solution in organic－rich carbonates[J]. Marine and Petroleum Geology, 12(7): 135－739.

PÖPPELREITER M, BALZARINI M A, DE SOUSA P, et al., 2005. Structural control on sweet spot distribution in a carbonate reservoir: Concepts and 3－D models (Cogollo Group, Lower Cretaceous, Venezuela)[J]. AAPG Bulletin, 89: 1659－1676.

QING H, MOUNTJOY E, 1994. Formation of coarsely crystalline, hydrothermal dolomite reservoirs in thePresqu'ile barrier, Western Canada Sedimentary Basin[J]. AAPG bulletin, 78(1): 55－77.

REIMOLD W U, KOEBERL C, GIBSON R L, et al., 2005. Economic Mineral Deposits in Impact Structures: A Review[M]//KOEBERL C, HENKEL H. Impact Tectonics. Berlin, Heidelberg: Springer: 479－552.

RIEKE H H, 1972. Selected lectures on petroleum exploration VOL. I[J]. Earth－Science Reviews, 8(2): 237－237.

SALLER A H, DICKSON J A D, MATSUDA F, 1999. Evolution and Distribution of Porosity Associated with Subaerial Exposure in Upper Paleozoic Platform Limestones, West Texas[J]. AAPG Bulletin, 83(11): 1835－1854.

SALLER A H, HENDERSON N, 1998. Distribution of porosity and permeability in platform dolomites: Insight from the Permian of West Texas. AAPG Bulletin, 82 (8): 1528 - 1550.

SALLER A H, POLLITT D, DICKSON J A D, 2014. Diagenesis and porosity development in the First Eocene reservoir at the giant Wafra Field, Partitioned Zone, Saudi Arabia and Kuwait[J]. AAPG Bulletin, 98(6): 1185 - 1212.

SANFORD J C, SNEDDEN J W, GULICK S P S, 2016. The Cretaceous - Paleogene boundary deposit in the Gulf of Mexico: Large - scale oceanic basin response to the Chicxulub impact[J]. Journal of Geophysical Research: Solid Earth, 121: 1240 - 1261.

SCHMOKER J W, HALLEY R B, 1982. Carbonate Porosity Versus Depth - A Predictable Relation for South Florida[J]. AAPG Bulletin, 66(12): 2561 - 2570.

SCHOENHERR J, REUNING L, KUKLA P A, et al., 2009. Halite cementation and carbonate diagenesis of intra - salt reservoirs from the Late Neoproterozoic to Early Cambrian Ara Group (South Oman Salt Basin)[J]. Sedimentology, 56: 567 - 589.

SCHOLLE P A, HALLEY R B, 1985. Burial diagenesis: out of sight, out of mind! In:Schneidermann, N, Harris, P. M, eds, Carbonate Cements[J]. SEPM Special Publication, 36: 309 - 334.

SENGER K, MILLETT J, PLANKE S, et al., 2017. Effects of igneous intrusions on the petroleum system: a review[J]. First Break, 35: 47 - 56.

SHEPPARD T H, 2002. Stylolite development at sites of primary and diagenetic fabric contrast within the Sutton Stone (LowerLias), Ogmore - by - Sea, Glamorgan, UK[J]. Proceedings of the Geologists' Association, 113: 97 - 109.

SINCLAIR T D, 2007. The generation and continued existence of overpressure in the Delaware Basin, Texas[D]. Durhan: Durham University.

SMODEJ J, REUNING L, BECKER S, et al., 2019. Micro - and nano-pores in intrasalt, microbialite - dominated carbonate reservoirs, Ara Group, South - Oman salt basin[J]. Marine and Petroleum Geology, 104: 389 - 403.

SPACAPAN J B, PALMA J O, GALLAND O, et al., 2018. Thermal impact of igneous sill-complexes on organic-rich formations and implications for petroleum systems: A case study in the northern Neuquén Basin, Argentina[J]. Marine and Petroleum Geology, 91: 519 - 531.

STERNBACH C A, 2012. Petroleum resources of the great American carbonate bank, in Derby, J. R, Fritz, R. D, Longacre, S. A, et al., eds, The great American carbonate bank: The geology and economic resources of the Cambrian - Ordovician Sauk megasequence of Laurentia[J]. AAPG Memoir,98: 127 - 161.

STEWART S A, 2011. Estimates of yet-to-find impact crater population on Earth [J]. Journal of the Geological Society, London, 168: 1 - 14.

SU A, CHEN H, FENG Y, et al., 2022. In situ U - Pb dating and geochemical characterization of multi-stage dolomite cementation in the Ediacaran Dengying Formation, Central Sichuan Basin, China: Constraints on diagenetic, hydrothermal and paleo-oil filling events. Precambrian Research, 368: 106481.

SUN S Q, 1992. Skeletal aragonite dissolution from hypersaline seawater: A hypothesis[J]. Sedimentary Geology, 77: 249 - 257.

SUN S Q, 1995. Dolomite reservoirs: porosity evolution and reservoir characteristics [J]. AAPG Bulletin, 79: 186 - 204.

TOUSSAINT R, AHARONOV E, KOEHN D, et al., 2018. Stylolites: A review [J]. Journal of Structural Geology, 114: 163 - 195.

TUCKER M E, WRIGHT V P, 1990. Carbonate Sedimentology[M]. Oxford: Blackwell Scientific Publications.

WAHLMAN G P, 2010. Reflux Dolomite Crystal Size Variation in Cyclic Inner Ramp Reservoir Facies, Bromide Formation (Ordovician), Arkoma Basin, Southeastern Oklahoma[J]. The Sedimentary Record, 8(3): 4 - 9.

WANG D, MANGA M, 2015. Organic matter maturation in the contact aureole of an igneous sill as a tracer of hydrothermal convection[J]. J. Geophys. Res. Solid Earth, 120: 4102 - 4112.

WANG G W, LI P P, HAO F, 2015. Origin of dolomite in the third member of Feixianguan Formation (Lower Triassic) in the Jiannan area, Sichuan Basin, China[J]. Mar. Petrol. Geol, 63: 127 - 141.

WARREN J, 2000. Dolomite: Occurrence, evolution and economically important associations[J]. Earth - Science Reviews, 52: 1 - 81.

WEIMER P, BOUROULLEC R, ADSON J, et al., 2017. An overview of the petroleum systems of the northern deep-water Gulf of Mexico[J]. AAPG Bulletin, 101 (7): 941 - 993.

WENDTE J, 2006. Origin of molds in dolostones formed by the dissolution of calcitic grains: Evidence from the Swan Hills Formation in west-central Alberta and other Devonian formations in Alberta and northeastern British Columbia[J]. Bull. Can. Pet. Geol, 54: 91 - 109.

WEYL P K, 1960. Porosity through dolomitization: Conservation of mass requirements[J]. Journal of Sedimentary Petrology, 30: 85 - 90.

WHITAKER F F, XIAO Y T, 2010. Reactive transport modeling of early burial dolomitization of carbonate platforms by geothermal convection[J]. AAPG Bulletin, 94(6): 889 – 917.

WIERZBICKI R, DRAVIS J J, AL-AASM I, et al., 2006. Burial dolomitization and dissolution of Upper Jurassic Abenaki platform carbonates, Deep Panuke reservoir, Nova Scotia, Canada[J]. AAPG Bulletin, 90: 1843 – 1861.

WILBOURN A, 2012. Stratigraphy and Sediment aphy and Sedimentology of the Smacko ology of the Smackover Formation, Southwest Alabama[D]. Mississippi: University of Mississippi.

WILSON J L, 1975. Carbonate facies in geologic history[M]. Berlin:Springer-verlag.

WOOD J W, 1984. Reservoir diagenesis and convective fluid flow. In McDonald, D. A, ed, Clastic Diagenesis[J]. AAPG, Memoir,37: 99 – 110.

WORDEN R H, SMALLEY P C, CROSS M M, 2000. The influence of rock fabric and mineralogy on thermo chemical sulfate reduction: Khuff Formation, Abu Dhabi [J]. Journal of Sedimentary Research, 70(5): 1210 – 1221.

YAO Z, HE G, LI C F, et al., 2018. Sill geometry and emplacement controlled by a major disconformity in theTarim Basin, China[J]. Earth and Planetary Science Letters, 501: 37 – 45.

ZAMPETTI V, 2011. Controlling factors of a Miocene carbonate platform: Implications for platform architecture and off platform reservoirs (Luconia province, Malaysia)[M]//W A Morgan, A D George, P M Harris, et al. Cenozoic carbonates of central Australasia: SEPM Special Publication 95: 126 – 146.

ZHANG X, GUO T, LIU B, et al., 2013. Porosity Formation and Evolution of the Deeply Buried Lower Triassic Feixianguan Formation, Puguang Gas Field, NE Sichuan Basin, China[J]. Open Journal of Geology, 3: 300 – 312.